从设计
看
企鹅

海报设计：威廉·格瑞蒙德（William Grimmond），508mm × 762mm

I　不管去哪儿，记得带上企鹅。——译者注（本书脚注如无特别说明，均为译者注）

II　带着企鹅上火车，提高自己又娱乐；鹈鹕正如你所愿，知识分子最爱看；海雀献给青少年，思维成长常相伴。

[英]菲尔·巴恩斯 著

王建琪 译

从设计看企鹅

企鹅七十年封面艺术史

中信出版集团 | 北京

图书在版编目（CIP）数据

从设计看企鹅：企鹅七十年封面艺术史 /（英）菲尔·巴恩斯著；王建琪译. -- 北京：中信出版社，2022.1

书名原文：Penguin by Design: A Cover Story 1935—2005

ISBN 978-7-5217-3857-5

Ⅰ. ①从… Ⅱ. ①菲… ②王… Ⅲ. ①封面－书籍装帧－设计－英国 Ⅳ. ① TS881

中国版本图书馆 CIP 数据核字 (2021) 第258999号

从设计看企鹅：企鹅七十年封面艺术史

著　　者：[英] 菲尔·巴恩斯
译　　者：王建琪
出版发行：中信出版集团股份有限公司
（北京市朝阳区惠新东街甲4号富盛大厦2座　邮编　100029）
承 印 者：北京启航东方印刷有限公司

开　　本：787mm × 1092mm　1/16　　印　　张：16　　字　　数：256千字
版　　次：2022年1月第1版　　印　　次：2022年1月第1次印刷
京权图字：01-2021-7618
书　　号：ISBN 978-7-5217-3857-5
定　　价：98.00元

服务热线：400-600-8099
投稿邮箱：author@citicpub.com

目 录

前　言

除了极少数的例外，比如安东尼·伯吉斯（Anthony Burgess）的《发条橙》（*A Clockwork Orange*）或约翰·伯格（John Berger）的《观看之道》（*Ways of Seeing*），平装书的封面和内容很少像流行音乐唱片那般协调，主要原因是最初的大众市场平装书都是从原有精装书出版社获得授权的再版，新出版商不想让读者产生任何对之前版本的视觉联想。随着平装书进一步发展，关于它们该如何呈现并到达目标市场的理念也在与时俱进。

企鹅图书最早在1935年出版，是英国第一批大众市场平装书。依艾伦（Allen）、约翰（John）和理查德（Richard）这三位莱恩（Lane）家族成员的愿景，企鹅最初是鲍利海出版社（The Bodley Head）的子品牌，再版已有的小说和非虚构类作品。不到一年，它就成了一家独立的公司；又过了几年，它开始组织新稿件，出版新系列并重新定义出版范围。企鹅的经典封面在英国人的意识中如此根深蒂固，以至于70年后的今天[I]，每个人都知道企鹅的封面长什么样子。这本书要告诉大家的是，企鹅封面设计的故事远远比你最初以为的要有趣和复杂。

企鹅的封面设计与平面设计演变为职业的过程是并行的。这个行当集战略思考、强烈的视觉感知、组织能力和手工技艺为一体，又要同时发展这一切，因此发展比较慢。英国自1858年就有艺术学校，而且在19世纪中后期的工艺美术运动（Arts & Crafts Movement）中，诸如威廉·莫里斯[II]和威廉·理查德·莱塞比[III]等成员曾经呼吁认真重新评估艺术家的社会地位。但直到20世纪二三十年代，书业艺术通常还停留在为图书绘制“插图”，或为伦敦地铁（Underground Group）或壳牌石油（Shell Petroleum）这一类公司做“商业艺术”（海报设计）的层面。这些公司发现了艺术家们在创造令人难忘的宣传资料方面的价值。排版印刷的各个方面仅仅是作为职业教育来学习，学时和内容都由印刷业决定。

早期的企鹅封面设计扎根于印刷业的传统。不过第二次世界大战后经济

I　本书英文版出版于2005年企鹅成立70周年之际。

II　威廉·莫里斯（William Morris，1834—1896），英国工艺美术运动的领导人之一。世界知名家具、壁纸花样和布料花纹的设计者兼画家。他同时是小说家和诗人，也是英国社会主义运动的早期发起者之一。

III　威廉·理查德·莱塞比（W. R. Lethaby，1857—1931），英国设计师、教育学家，同时是建筑理论和历史学家。

复苏带来了新的工作机会，不同行当和不断变化的市场期待出现融合，企鹅的设计也随之改变以适应这些发展。内文设计开始与封面设计分离，对设计师、摄影师和插画师的需求越来越大，新的印刷和排版技术也在相互结合。

企鹅封面的发展与变化同时反映了出版社和读者对设计问题日渐复杂的态度。在出版社看来，左右为难的问题是封面到底应该宣传出版社还是宣传单本书。而研究图书封面的一大乐趣正是看到封面实例中表现出来的这些矛盾。对企鹅来说，在 20 世纪 30 年代，乍一看，好像出版社的识别度是设计要考虑的最重要的方面。如今很多图书的封面设计，却更倾向于将出版社名字隐去。有时这么做确实有点儿道理，也有一些必须如此的理由，但这忽略了一个事实，就是早年间出版的图书单品和系列数量也很多（种类也很丰富），而且会错失连续一致的风格在为重点系列做宣传时带来的营销优势。

本书通过 500 多幅图片探讨了上面提到的演变，一部分不可避免地谈到了历史，一部分毫无疑问地关乎庆祝，还有一部分对设计做了点评。这是一本再现了一家出版社很多封面的书，但它不是一本目录，因为企鹅的书单实在是太长了。本书目的不在于概括企鹅品牌的发展和介绍新系列及子品牌，而是为了展现设计发展中的流变，告诉大家企鹅封面远不止三段彩条和一只跳舞的企鹅。

图书开本说明

平装书有两种标准尺寸：

A 开本：企鹅原始开本，181mm × 111mm。

B 开本：198mm × 129mm，1945 年，企鹅首次使用这种开本出版了《俄罗斯评论》（*Russian Review*），并在过去 20 年中一直广泛使用。

有些特定系列使用了其他开本。如首批“现代画家”（Modern Painters）系列和“海雀绘本”（Puffin Picture Books），大约是两本企鹅图书的大小，也就是把两本 A 开本的书并排放在一起。

有时候，诸如 A5（210mm × 148mm）这种标准公制尺寸也被使用，例如“鹈鹕艺术史”（Pelican History of Art）系列。

图片选择和复制说明

1. 详见本书 245 页参考文献中的“档案馆”。

一本书里包含 500 多个封面看起来非常多，但别忘了企鹅 70 年来出版了成千上万本书，有很多书出版几十年一直在印刷且有好几种封面。最终入选的封面，是我花费大量时间在企鹅档案馆[1]中调研，与本书设计师、图片调研员戴维·皮尔森（David Pearson）一起工作讨论，并与那些曾经在企鹅任职的设计师和员工交谈之后，基于我对企鹅历史的理解而做出的选择。

在我撰写各章节介绍的时候，戴维对我们从拉格比[I]（Rugby）档案馆找到的封面做了初选。当时去档案馆，就有很多封面浮现在我们眼前，之后我们又各自找到了很多心仪的封面，向曾在企鹅工作过的设计师们取经，然后讨论可行的主题以及页面顺序，于是有了更多让我们惊艳的封面。

我不敢说这本书很全面，因为企鹅真的有太多故事可讲，有太多封面可展示。最大的省略是“海雀”（Puffin）系列，虽然收录了它的第一本书，但并没有细述它的故事，因为我觉得它虽与企鹅的关系非同寻常，但是完全可以自成一个故事。另外，这本书没有涉及的还有企鹅曾经制作的用来推广和描述其产品的大量宣传资料。不过我已经竭尽所能来阐述主要的历史构成部分，介绍那些占有重要地位的单品、系列和设计，同时在任何可能的情况下展示那些之前从来没有以这种方式重现的封面。

本书中封面旁边标注的时间是该书[II]版权页上标明的印刷时间，而不是企鹅首次出版该书的时间。有些书在很长一段时间里只有一种封面，因此本书中所标示的时间很有可能比该封面首次出现的时间要晚。如果是近期出版的图书，要准确标示印刷时间则更加困难，因为现在的书只用一行数字来表示印次（出版业都这么做），而不像以前那样直接写出时间。

本书还列出了封面或内页署名的设计师、插画师和摄影师的名字。如果一条信息是用方括号标注，则表示该信息不是取自实体书，而是经由其他来源获得。

对页：
广告，1935 年 5 月 25 日

I 位于英国英格兰西北部沃里克郡（Warwickshire，又译华威郡）。

II 本书中的图片大多来源于企鹅档案馆的实体书，因此作者只能根据档案馆所存版本来标注该封面出现的时间，有些实则已是几个印次之后，非首版。

THE PENGUINS ARE COMING[I]

IF YOU WANT TO KNOW WHAT ALL THIS IS ABOUT, TURN OVER QUICKLY TO THE NEXT PAGE[II] →

I 企鹅们来啦。

II 欲知详情，请速翻页。

1. 开启平装书出版业务，1935—1946

6d
net

选自《雪莱传》（*Ariel*）封面局部，1935 年（本书 14 页）。

年轻的艾伦·莱恩，约 1929 年

1. 鲍利海出版社以出版设计精美的限量版图书著称，奥斯卡·王尔德（Oscar Wilde）的书和刊物《黄面志》（*The Yellow Book*）的出版更是让其蜚声出版界。《黄面志》最初因惊世骇俗的艺术编辑奥伯利·比亚兹莱[I]（Aubrey Beardsley）的插画轰动一时。艾伦·莱恩加入鲍利海出版社的时候，它已经更多向主流出版靠拢，也更敢于在财务上冒险。艾伦很快就熟悉了出版业务，鲍利海出版社上市之后不久，约翰就让艾伦升任董事会成员。1925 年约翰去世，艾伦接替了他的职位；之后约翰的遗孀去世，艾伦成了公司的大股东。他的两个弟弟也加入公司并担任总监。莱恩三兄弟很少跟其他总监碰面，就好像他们是另一家公司的一样。

2. 头 10 本书分别是：《雪莱传》（安德烈·莫洛亚）、《永别了，武器》（欧内斯特·海明威）、《诗人酒馆》（埃里克·林克雷特）、《克莱尔夫人》（苏珊·厄兹）、《贝罗那俱乐部的不快事件》（多萝西·L. 塞耶斯）、《斯泰尔斯的神秘案件》（阿加莎·克里斯蒂）、《二十五》（比佛莱·尼古拉斯）、《威廉》（艾米莉·希尔达·扬）、《坠入尘世》（玛丽·韦伯）、《嘉年华会》（康普顿·麦肯齐）。

I. 开启平装书出版业务，1935—1946

企鹅图书是时任鲍利海出版社董事总经理艾伦·莱恩的创意，他在亲戚约翰·莱恩的指导下，在鲍利海出版社积累了全部的出版经验。[1] 以便宜又漂亮的平装本再版小说和非虚构类作品是艾伦最先想出来的，但是同为总监的他的两个弟弟理查德和约翰也贡献了智慧。某个周末，艾伦拜访完阿加莎·克里斯蒂[II]（Agatha Christie），在埃克塞特[III]（Exeter）火车站等车时找不到便宜可读的东西，由此激发了他的上述想法。

三兄弟很快意识到，他们的书必须看起来很吸引人，这样才能在商店里占据好的陈列位置；它们必须在传统渠道（比如书店）之外销售；另外如果想按照之前设想的每本书定价 6 便士（经常被说成一包烟钱），那么利润空间就很小，每本书则需要很大销量。他们算了一下，要想回本，每本书至少要卖 17 000 册。

遗憾的是，这项提案很快就被鲍利海出版社的董事会否决了。三兄弟随后提议在鲍利海出版社出版平装本，但使用他们自己的资金，就像一年前他们获取了詹姆斯·乔伊斯[IV]（James Joyce）的《尤利西斯》（*Ulysses*）在英国首次出版的版权那样。董事会同意了，三兄弟开始了工作。

那个时候好像出版行业的所有人都认为这想法荒唐可笑，无法成功，会破坏市场。三兄弟非常艰难地凑齐了最初 10 本书[2] 的版权，其中只有 2 本是从鲍利海出版社拿到的，乔纳森·凯普出版社[V]（Jonathan Cape）的 6 本可谓至关重要。

版权解决后，三兄弟做了一本埃里克·林克雷特（Eric Linklater）所著《诗人酒馆》（*Poet's Pub*）的样书，然后寻找销售机会。艾伦去往英国各地，约翰向他的海外客户推销，理查德坐镇伦敦。即使这样，想要收支平衡，还差一半的订量。直到艾伦去伍尔沃斯[VI]（Woolworths）接到了总计 63 500 册的订

I 19 世纪末英国最伟大的插画家之一，也是近代艺术史上最闪亮的一颗流星。

II 英国著名侦探小说家。

III 英国英格兰西南区域德文郡（Devon）郡治。

IV 爱尔兰作家和诗人，20 世纪最重要的作家之一。

V 1921 年成立于伦敦的著名文学出版社，现隶属于 2013 年 7 月 1 日由企鹅出版社和兰登书屋出版社组建而成的企鹅兰登书屋。

VI 美国乃至全球最成功的“一元店”先驱，首家店于 1878 年 2 月 22 日在纽约开业，后在多个国家开设连锁店。

单，才化解了危机。

虽然每本书的首印量是20 000册，可是他们不敢全部装订完毕，有半数的内文和封面没有装订。如此小心谨慎后来被证实完全没必要，因为书一上市即售罄。他们赶紧把剩下的散页装订好，并不停地向工厂加单。

在1935年7月30日星期二，企鹅平装本出版之前，平装版图书早就存在了。自16世纪初威尼斯出版人阿尔杜斯·马努提乌斯（Aldus Manutius）发明平装版以来，出版商们基本都没做到便宜的口袋本需要的基本要素，即便宜的价格、方便的开本和高品质的内容三者的平衡。企鹅完美地平衡了这三者，将设计和内容完美结合，因此仅仅10年时间，企鹅和“平装本”这个词基本上就同义了——这也成了莱恩的一大烦恼。

由于企鹅短期内即在市场上取得了强烈反响，我们有理由相信“企鹅”这个词本身对出版社的成功起到了举足轻重的作用。在几个备选名称均遭拒绝后，秘书乔安·科尔斯（Joan Coles）提议用“企鹅”，之后时年21岁的初级职员爱德华·扬（Edward Young）被派去伦敦动物园画草图。他回来的时候带着画好的企鹅出版社最初的标识，说道：“天哪，那些鸟真是太臭了！”[3]爱德华·扬还设计了图书封面，简单却引人注目，是在很多其他书上找到的装饰与插图的奇思妙想中碰撞出来的。三段水平的网格，上下两段按照颜色编码——橘色代表小说，绿色代表犯罪小说，深蓝色代表传记；中间白色网格使用埃里克·吉尔（Eric Gill）设计的Gill Sans无衬线字体印刷黑色的作者名和书名。上面带颜色的网格里有一个椭圆形装饰（常常被称作“四次式”），写着颇具传奇色彩的PENGUIN BOOKS（“企鹅图书”），下面网格里则是企业标识。虽然是平装，但是外面有护封，看起来就像平常的精装一样。

这一众人皆知的“经典”设计其实并非完全首创——它一定程度上衍生于1932年的德国信天翁（Albatross）图书系列。该系列封面使用了德国字体设计师汉斯·马尔德施泰格（Hans Mardersteig）设计的简洁字体、颜色编码、易记的鸟类名字和易识别的手绘信天翁标识。[4]企鹅图书也使用了181mm × 111mm的便捷开本（本书3页），一个长宽成黄金分割的长方形，一个从中世纪开始就深受印刷厂、出版社和图书设计师喜爱的开本。

基于首次出版带来的巨大成功，1936年1月1日，企鹅出版社从鲍利海出版社分离出来成为独立公司，注册资本100英镑，莱恩三兄弟均担任总监。“鲍利海出版社”几个字眼从新出版的图书封面上消失。同年1月下旬，里程碑出现了，企鹅图书的销量达到了100万册；到企鹅年满1岁时，销售已

1940年莱恩三兄弟理查德、艾伦和约翰在企鹅总部办公室外

3. 艾伦·莱恩曾于1951年7月2日在蒙纳字体（Monotype）公司桎梏巷（Fetter Lane）的办公室演讲时引述。来源：布里斯托尔档案馆16/i。

《所罗门，我的儿子！》，1937年

4. 德国信天翁出版社在英国和美国之外影印出版英美两国作家的英文版图书。其设计模仿了始于1842年德国莱比锡的陶赫尼茨（Tauchnitz）出版社的版本。

位于伦敦米德尔塞克斯（Middlesex）哈芒斯沃斯巴斯路的企鹅出版社总部，1940年

ne so insensible
ff suddenly, for
ing was wrong.

Old Style No. 2 字体

r three weeks and
sual in conseque
s in the bundle a

Times New Roman 字体

爱德华·扬少校，荣获“杰出服务勋章”（Distinguished Service Order, DSO）、“杰出服役十字勋章”（Distinguished Service Cross, DSC），英国皇家海军舰艇“风暴号”（HMS *Storm*）舰长，是首位在二战中指挥现役潜艇的皇家海军志愿后备队军官

达300万册。如此极速的发展需要更大的办公空间，于是企鹅从鲍利海出版社位于伦敦维果街（Vigo Street）的办公室搬到了大波特兰街（Great Portland Street）一家汽车展示店楼上办公，库房则在马里波恩路（Marylebone Road）的圣三一教堂（Holy Trinity Church）地下室。这样的情况一直持续到1937年，企鹅在现今伦敦希思罗机场对面的哈芒斯沃斯（Harmondsworth）巴斯路（Bath Road）建成占地3英亩（约为12 140平方米）的办公室和库房。在接下来的60年，哈芒斯沃斯是出版业最著名的地址之一。1945年为庆祝企鹅出版社成立10周年发行的小册子中有这样几句话：

> 正如企鹅厂房已经成了巴斯路上的地标性建筑，哈芒斯沃斯也成为与图书相关的地名中最突出的一个。坐在汽车里的普通人相互说着“企鹅图书就是从那儿来的”，似乎这样就跟当时的文化生活有了联系。[5]

最初几年企鹅图书的封面只做细节改动。爱德华·扬升任产品经理，同时负责版式设计。企鹅图书的印量越来越大，有好几家印刷厂为企鹅服务；公司里所有人工作时间超长：这些都从企鹅图书封面微妙的变化上体现出来。内文起初使用Old Style No. 2字体，但是在1937年设计即将出版的“企鹅莎士比亚”系列图书封面时改为Times New Roman字体。这种字体在1932年由英国《泰晤士报》首次使用（此后被证明非常适合在劣质纸张上大规模印刷），在1933年成了商业字体。扬在1940年加入英国皇家海军志愿后备队（Royal Naval Volunteer Reserve，RNVR），产品经理一职由鲍勃·梅纳德（Bob Maynard）接任，鲍勃的下一任是约翰·奥弗顿（John Overton）。

创立之初的一年半时间里，企鹅已经出版了非常多的作品。为了进一步扩大企鹅图书的吸引力，莱恩又出版了几个新的系列。6本莎士比亚戏剧在1937年4月出版，但是更具历史意义的是一个月之后鹈鹕（Pelican）子品牌推出的第一辑非虚构类图书（本书18—19页）。1936年，莱恩向萧伯纳（George Bernard Shaw）表示希望企鹅能够出版《知识女性关于社会主义、资本主义、苏维埃主义和法西斯主义的指南》（*The Intelligent Woman's Guide to Socialism, Capitalism, Sovietism and Fascism*）。萧伯纳爽快答应了，并主动提出愿意新写一部分内容，讲布尔什维克主义和法西斯主义。这是企鹅第一次自主选题出版图书，莱恩后来又找到其他“知识思想”类图书，与第一本书一起推出了一个非虚构系列。他提名V. K. 克里希纳·梅农（V. K. Krishna Menon）任编辑，彼得·查默斯－米切尔（Peter Chalmers-Mitchell）、H. L. 比尔斯（H.

5. 选自《企鹅十年：1935—1945》（*Ten Years of Penguins: 1935—1945*），第12页。

L. Beales）和 W. E. 威廉姆斯（W. E. Williams）任顾问。企鹅陆续出版了政治、经济、社会科学、文学和视觉艺术类图书，从一开始鹈鹕和企鹅之间就没有明确的出版界线。鹈鹕图书的封面设计沿用了企鹅图书封面的水平网格，不同之处在于使用了灰蓝色和手绘鹈鹕标识—— 同企鹅标识一样，也出自爱德华·扬之手。

二战爆发之前的几年时间里，企鹅的发展主要依靠莱恩三兄弟和与他们逐步建立起信任关系的那些人。威廉姆斯很快就成了鹈鹕顾问中的灵魂人物。还有 1937 年新任职的秘书尤妮斯·弗罗斯特（Eunice Frost），不久就表现出了超凡的编辑才能，成为哈芒斯沃斯的关键人物，直到 1960 年退休。

W. E. 威廉姆斯

1937 年 11 月企鹅的出版范围又扩大了，出版了企鹅的第一份期刊（本书 32—33 页）《企鹅巡游》（*Penguin Parade*），还有第一本“企鹅特刊”（Penguin Special，本书 24—27 页）—— 埃德加·莫勒（Edgar Mowrer）的《德国让时间倒退》（*Germany Puts the Clock Back*）。《企鹅巡游》后面又出了几种期刊[6]，但是真正让企鹅得以扩张并在平装书市场一家独大的是“企鹅特刊丛书”（以下简称“特刊丛书”系列）。从首版到二战爆发前的 18 个月，这个系列对当时快速扩散的时政要闻进行论述。事件的紧急程度从该书的生产速度（从手稿到书店只要一个月）和封面设计可见一斑。“特刊丛书”将大字标题放到封面上，加放线条，甚至用到了维多利亚时期就被摒弃的 Gill Sans 的多种字体变形。这种政治性很强的“特刊丛书”几周就可以卖出 10 万册，相比之下，传统的小说 3 到 4 个月才能卖出 4 万册。所以这套书对公司的现金流贡献非常大，从二战爆发前几年的销量可以推测企鹅在战争时期能够取得怎样的成就。

尤妮斯·弗罗斯特

二战爆发前，企鹅还推出了其他几个套系：1938 年 5 月“版画经典”（Illustrated Classics）系列出版［比“企鹅经典”（Penguin Classics）要早 8 年，本书 20—21 页］，但是很快就断版了；1939 年 3 月出版了以郡为单位的“企鹅指南”（Penguin Guides）；还有 1939 年 11 月出版的精装带插图的“国王企鹅”（King Penguins）（本书 22—23 页和 72—73 页）。“国王企鹅”最初的编辑是老伊丽莎白，1941 年她在一次空袭中遇难，编辑之位由《现代设计的先驱者》（*Pioneers of Modern Design*）一书的作者尼古拉斯·佩夫斯纳（Nikolaus Pevsner）继任。企鹅和佩夫斯纳之间长久而多产的合作由此开启，这也是公司和备受尊崇的学者间为数不多的互相成就的典范。

英国最终于 1939 年 9 月 3 日对德国宣战。相比其他出版社而言，企鹅对战争环境的准备更充分，当然也有巧事，比如企鹅图书刚好可以放进士

6.《企鹅议事录》（*Penguin Hansard*），1940 年 8 月；《企鹅新作》（*Penguin New Writing*），1940 年 11 月；《横跨大西洋》（*Transatlantic*），1943 年 9 月；《新生物学》（*New Biology*），1945 年 7 月；《俄罗斯评论》，1945 年 10 月；《科技资讯》（*Science News*），1946 年 6 月；《企鹅电影评论》（*Penguin Film Review*），1946 年 8 月；《音乐杂志》（*Music Magazine*），1947 年 2 月。

尼古拉斯·佩夫斯纳

7. 1942年11月15日英国皇家海军舰艇“复仇者号”(HMS *Avenger*)在战斗中沉没，约翰·莱恩牺牲。

诺埃尔·卡林顿

埃莉诺·格雷厄姆

兵的军装口袋，好像特制的一样。1940年，英国开始实行纸张配额制，额度依据战争爆发前一年所消耗纸张的固定百分比计算。企鹅也受到了这一限制的影响，但比起其他出版社来说，它的配额还是相当多的。当时还出现了新的排版标准，调整了版面尺寸和文字的比例，企鹅很容易就做到了。艾伦·莱恩的个性起到了关键作用，在他的两个弟弟约翰和理查德参加英国皇家海军志愿后备队并应征入伍[7]后，他做好一切准备，不放过任何一次企鹅图书可以为战争做贡献的机会，同时不忘公司利益。在此期间企鹅最有影响力的编辑之一，W.E. 威廉姆斯在英国陆军委员会(Army Bureau of Current Affairs，ABCA)担任要职。在他的支持下，企鹅图书被大量发送至英国和世界各地的盟军士兵手中。从1940年开始经由“服务中心图书俱乐部”(Services Central Book Club，SCBC)派发的图书中有几千本企鹅图书，占了很大比重。1942年“军人图书俱乐部”(Forces Book Club)成立，专门印制通过军方渠道派送的图书。1941年“教育和职业培训”与“发行”计划实施。1943年战俘图书系统建成。1945年发行了军队版。

这一切还远远不够，更多新系列相继出版。读者数量众多，除了读书，他们已经没有多少娱乐消遣方式了。1941年6月出版了“企鹅诗人”(Penguin Poets)系列。1942年4月出版了“规划、设计和艺术”(Planning, Design and Art)系列图书，12月又出版了“手册”(Handbooks)系列。1943年4月出版了“参考”(Reference)系列。

为了帮助成千上万生活在城市中的孩子缓解战争带来的创伤，莱恩于1940年12月出版了“海雀绘本”。[诺埃尔·卡林顿(Noel Carrington)在战前就提出了出版绘本的建议，直到20世纪60年代早期，他一直是负责这个套系的编辑，本书30—31页]。一年之后在埃莉诺·格雷厄姆(Eleanor Graham)的带领下，“海雀故事书”(Puffin Story Books)出版。值得一提的是，绘本使用了彩色自动平版印刷技术(艺术家直接在印版上绘画)和大开本——相当于两本常规企鹅图书并排放置；故事书则是正常开本，插图常见于每本书的开篇。

那时，伦敦主要的美术馆都将展品转移至安全地带。为了让公众在战时也可以欣赏艺术，企鹅出版了“现代画家”系列(本书38—39页)。1944年4月，首批出版了4本，其作者是亨利·摩尔(Henry Moore)、格雷厄姆·萨瑟兰(Graham Sutherland)、邓肯·格兰特(Duncan Grant)和保罗·纳什(Paul Nash)。这一系列的开本跟“海雀绘本”近似，包含12页文字和32页图片——其中16页是彩色的。虽然这个系列的编辑是时任英国国家美术馆馆长的肯尼思·克拉克爵士（Sir Kenneth Clark），却是尤妮斯·弗罗斯特的组织和销售使其广为人知。条件极其困难，但企鹅还是想尽办法找到高品质的纸张，派摄影师到名画藏身之处进行拍摄，以高水准的彩色印刷再现名画风采。

1945年，在欧洲战场胜利日（5月8日）和美国向日本投放第一枚原子弹（8月6日）之间的某个时间，企鹅庆祝了10岁生日，举办了很多活动。其中一个是出版《企鹅十年：1935—1945》一书，以纪念过去的时光里企鹅取得的辉煌成就。目的很简单，就是为了欢快、自信和自我庆祝式的宣传。这本书没有分析平装书出版的未来，也没有提及企鹅在竞争中会受到什么影响。企鹅庆祝10周年之际，有些人认为企鹅政治上的亲左倾向对战后工党大选获胜起了推波助澜的作用。企鹅的增长势不可当，另一个表现是，1946年1月，又一个新的系列出现了。这就是“企鹅经典”，第一本书是由埃米尔·维克多·里乌（Emile Victor Rieu）翻译的荷马所著的《奥德赛》。作为英国文化生活核心组成部分的新一代人随着企鹅一起成长起来，企鹅的前途看起来一片光明。

埃米尔·维克多·里乌

《雪莱传》，1935 年
【作者名上的变音符在第 2 次印刷时才加上】

水平网格，1935

第一批企鹅图书出现的时候，设计师、艺术总监和印刷厂的角色分工还不是很清楚。封面上最基本的水平网格和企鹅形象都是爱德华·扬设计的，他也是企鹅首位产品经理。最初，不同类别的图书用不同的颜色来表示——橘色代表小说，绿色代表犯罪小说，深蓝色代表传记，樱桃红色代表游记和探险，红色代表戏剧。颜色虽然只是一个组成部分，却成了整个设计中最抢眼的。

这个设计使用了当时流行的字体。椭圆形装饰中的出版社名字使用了仿19世纪复兴风格的字体Bodoni Ultra Bold，封面的其余部分和书脊则使用了相对较新（1927—1928）的两种Gill Sans字体。子品牌是“企鹅图书”，但出版社是“鲍利海出版社”；在企鹅成为一家独立公司之前出版的80本书的封面上均有“鲍利海出版社”的字样。定价不是印在封面上，而是印在护封上。除了这一点，护封跟封面一模一样。

《灵异双姝》（护封），1937年

《飞翔的荷兰人》，1938年

《炮》，1939 年

水平网格：变化

最初的封面设计直接、新奇、现代，在书店取得了惊人的效果。封面在吸引新顾客买书的过程中起到了重要作用，同时也激发了这个新成立出版社的自信心。

尽管外表看似统一，但在被广泛使用的 25 年间，封面有多达 12 种变化，封底有 11 种。

有些书封面上出现了插图，《飞翔的荷兰人》（*Flying Dutchman*，本书 15 页）勉强算个例子，《炮》（*The Gun*）则更明显。《钓客清话》（*The Compleat Angler*）的封面是唯一一个将插图放在明显位置又跟整体设计融为一体的。格特鲁德·赫米斯（Gertrude Hermes）创作了这幅版画，她的作品还出现于 1938 年推出的“版画经典”系列中理查德·杰弗里斯（Richard Jefferies）所著《我内心的故事》（*The Story of My Heart*）一书的封面上。

《钓客清话》，1939 年
【木刻版画：格特鲁德·赫米斯】

在最初的 12 年里，企鹅的标识换了几个版本，有一开始使用的栩栩如生但稍显笨拙的（本书 14—15 页），有跳舞的（《一间自己的房间》），还有跟今天的版本非常相似的 1939 年版（《炮》）。

由于品种和印量庞大，需要好几家印厂才能满足企鹅的生产需求。即使是在战前还没有出现劳工短缺问题的时候，工人们也常常要加班，同时也缺乏对排版细节高质量的监管。有些书使用了 Gill Sans 字体家族的其他变体，比如《阿拉伯的劳伦斯》（*Lawrence of Arabia*）；而《暹罗的怀特》（*Siamese White*）的书名中则出现了 Gill Sans 替代字体的大写字母 W。

《阿拉伯的劳伦斯》，1940 年

《暹罗的怀特》，1940 年

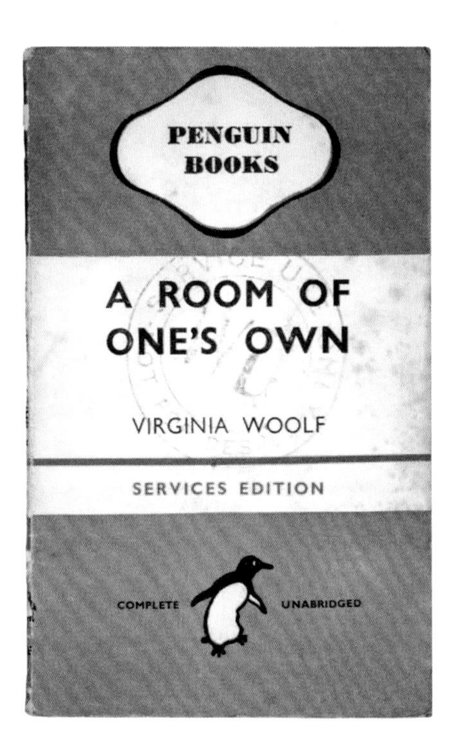

《一间自己的房间》，1945 年

《活埋》，1943 年

《知识女性关于社会主义、资本主义、苏维埃主义和法西斯主义的指南》，1937 年

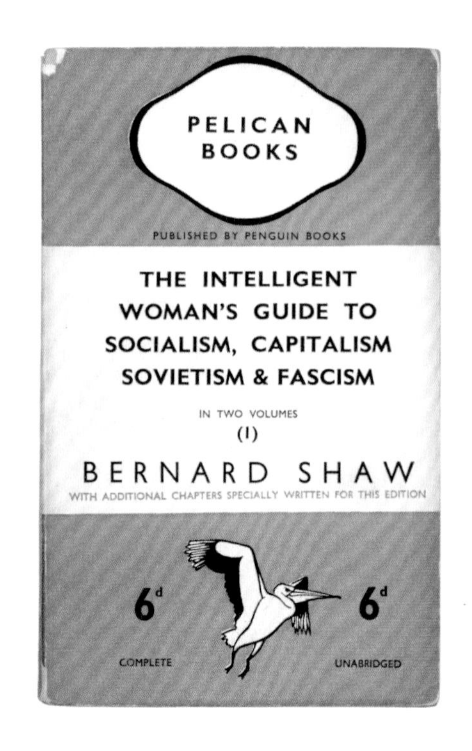

自主选题：首批“鹈鹕”系列，1937

第一批“鹈鹕”系列图书于 1937 年 5 月出版，包括萧伯纳所著的《知识女性关于社会主义、资本主义、苏维埃主义和法西斯主义的指南》（两卷本）。萧伯纳为鹈鹕版撰写了两个新章节。这是企鹅首次出版之前从未出版的著作。

该系列目的是向“有兴趣的门外汉”提供严肃主题类图书，一上市就大获成功，甚至连艾伦·莱恩都不敢相信。一年后他写道：

> 谁承想，即使售价 6 便士，还是有数以千计的人急切地渴望阅读有关科学、社会学、经济学、考古学、天文学和其他严肃主题的图书。
>
> ——爱德华兹和哈尔（Edwards and Hare），第 13 页

《有益的阅读》，1945 年

爱德华·扬为鹈鹕绘制了两个新标识（封面使用飞翔的鹈鹕，书脊使用站立的鹈鹕），封面版式还是使用了常规的水平网格，但是使用蓝色作为鹈鹕的颜色。开始的时候，椭圆形装饰中的 PELICAN BOOKS（“鹈鹕图书”）使用了 Gill Sans 字体。后来就像《钓客清话》（本书 16 页）一书那样，封面版式有所调整，使用了插图。

有些鹈鹕图书同时以“鹈鹕特刊丛书”（Pelican Specials）出现，它们的封面模仿了标准的“特刊丛书”封面，如《现代德国艺术》（*Modern German Art*）、《海洋生物与鲸》（*Blue Angels and Whales*）、《百万微生物》（*Microbes by the Million*）和《无土栽培》（*Hydroponics*）。

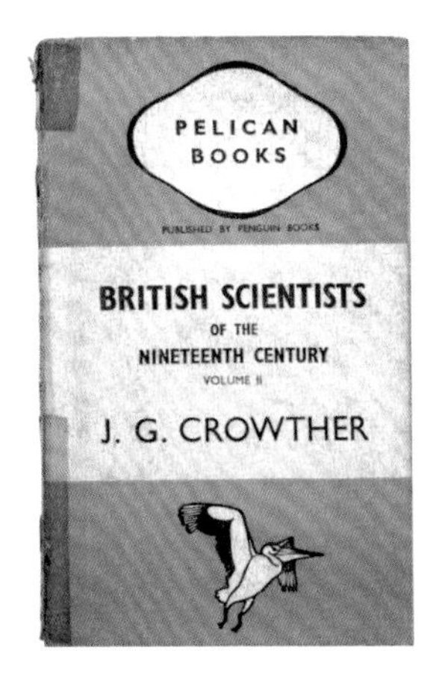

《19 世纪的英国科学家》，1941 年

《有用的金属》，1944 年

《爆炸》，1942 年

《现代建筑概况》，1941 年

《电影》，1944 年
【封面使用了谢尔盖·爱森斯坦的电影《战舰波将金号》的剧照，1925 年】

《现代德国艺术》，1942 年

《海洋生物与鲸》，1938 年
【封面插图：罗伯特·吉宾斯】

《百万微生物》，1939 年

《无土栽培》，1940 年

“版画经典”，1938

“版画经典”系列的初衷跟企鹅图书的初衷如出一辙：让普通人也能够享受到以前只有有钱人才能享受的东西。最初的 10 本都是公版书，这样省下来的版税就可以支付插画师的费用了。

莱恩邀请艺术家罗伯特·吉宾斯（Robert Gibbings）作为这个系列的艺术编辑。罗伯特曾于 1924 年到 1933 年间运营英国金鸡出版社（Golden Cockerell Press），是很多版画家的老主顾。自印刷术发明以来，版画就被用作图书插画。20 世纪 30 年代，伦敦颇具影响力的中央艺术与设计学校（Central School of Arts & Crafts）培养出了一批优秀的版画从业人员，版画经历了一次复兴。

这些封面经过了重新设计，突出垂直排列和中间大幅留白来配合版画的放置。版画的厚重感与书名和作者名使用的 Albertus 字体［贝托尔德·沃尔普（Berthold Wolpe）于 1932 年设计］巧妙结合。除了封面，扉页也使用了版画，每一幅都匹配了一只独特的企鹅，只是版画没有封面上的那么大，穿插在文字中。这套书没赚什么钱，后来也就没有再出。

《瓦尔登湖》，1938 年
【木刻版画：埃塞尔伯特·怀特】

《泰皮》，1938 年
【木刻版画：罗伯特·吉宾斯】

WALDEN
or, Life in the Woods
by
HENRY DAVID THOREAU
PENGUIN BOOKS LIMITED
HARMONDSWORTH MIDDLESEX ENGLAND

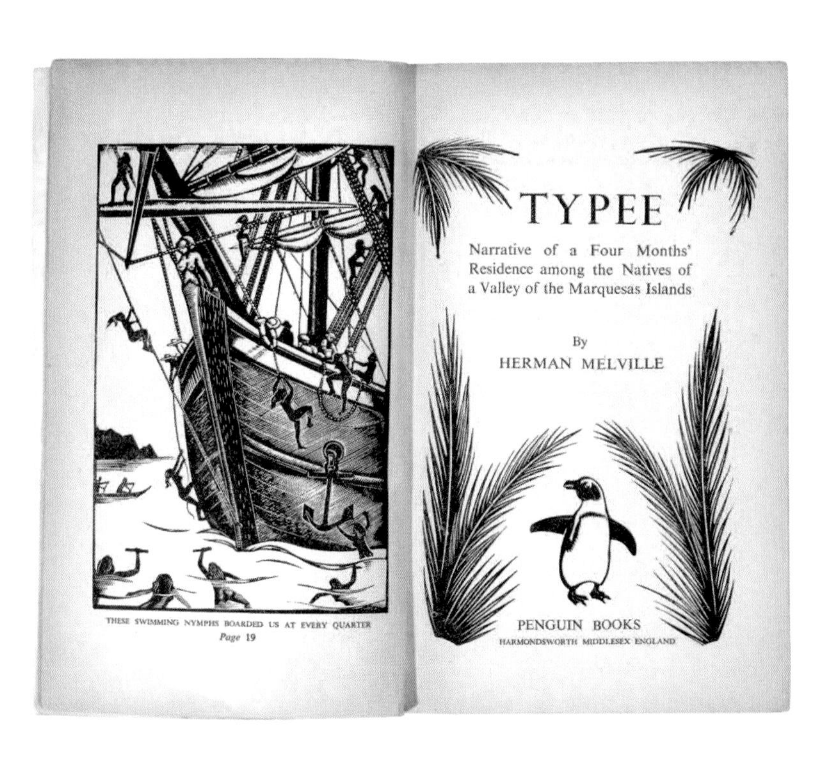
THESE SWIMMING NYMPHS BOARDED US AT EVERY QUARTER
Page 19
TYPEE
Narrative of a Four Months'
Residence among the Natives of
a Valley of the Marquesas Islands
By
HERMAN MELVILLE
PENGUIN BOOKS
HARMONDSWORTH MIDDLESEX ENGLAND

《玩具之书》，1946 年
封面设计：格温·怀特

“国王企鹅”，1939

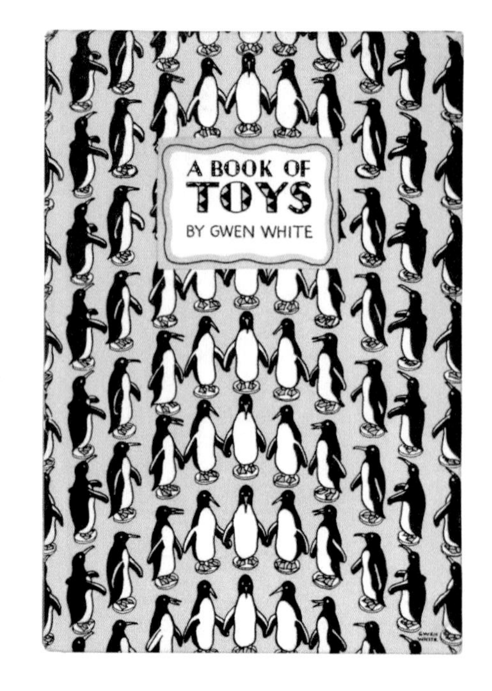

企鹅对精装版的初次尝试颠覆了之前的出版理念。“国王企鹅”系列是一套设计精美、可供收藏的图书，模仿了始于 1912 年的德国莱比锡出版的“海岛文库”（Insel-Bücherei）系列。

第一批书于 1939 年 11 月面市，其中《栖息在湖泊、河水和溪流的英国鸟类》（*British Birds on Lake, River and Stream*）和《玫瑰之书》（*A Book of Roses*）都是基于之前的版本，选题也多以最能吸引公众兴趣且有销售潜力的为主。定价 1 先令，这套书的盈亏点是 2 万册。生产过程很受重视，英国首次在这一类书上使用大规模彩色印刷。1941 年企鹅聘请 R.B. 菲兴登（R. B. Fishenden）做技术指导，即使因战争受到很多限制，印刷质量还是保持了高水准。

《巴约挂毯》，1949 年
封面设计：威廉·格瑞蒙德

尽管有些书的封面依托于公式化的设计，即由图案组成的背景加上块状区域内的文字，但是依据每本书的主题需要，无论是插画还是设计风格都有很大不同——这恰恰增加了这套书的吸引力。

这个系列一直持续到 1959 年，更多细节请见本书 72—73 页。

对页：
《英国流行艺术》，1945 年
封面设计：克拉克·哈顿

POPULAR
ENGLISH ART
Noel Carrington and Clarke Hutton
LULU
PAT

《我们和德国》，1938 年

A PENGUIN SPECIAL

The Marquess of Londonderry

OURSELVES AND GERMANY

SHOULD BRITAIN REGARD GERMANY AS HER POTENTIAL ENEMY, OR SEEK HER FRIENDSHIP? LORD LONDONDERRY THINKS WE SHOULD ADOPT A POLICY OF FRIENDSHIP WITH HITLER AND A BETTER UNDERSTANDING OF GERMANY'S AIMS

书出紧急："特刊丛书"，1937

《犹太人的问题》，1938 年

为了出版与现在的新闻调查和时事类电视节目相类似的主题图书，1937 年 11 月"特刊丛书"系列开始发行。

"特刊丛书"的选题必须是正在发生而且媒体高度关注的事件，一旦确定出版，就会请业内权威在几乎不可能完成的时间内写就。除了一两本外，其他在战前和战时组织的选题都是关于一个国家在全球事件中妥协让步时如何扮演好自己的角色并承担责任的故事。

谈到设计，三段式网格和橘色的使用衍生出了更多网格的版式。之前的一些排版限制被取消，放上了大量的宣传语，这样的版式看起来很像维多利亚时期的传单。

不过这套书也有跟其他企鹅图书相通的地方，那就是许多书名使用了大字号的 Gill Sans 加粗字体。在这套书使用的其他字体中，仅次于 Gill Sans 的是 Rockwell Shadow [《我们的食品问题》(*Our Food Problem*)，本书 26 页]，接下来是 Bodoni Ultra Bold [《战争的新方式》(*New Ways of War*)，本书 27 页]。除了字体的变化，还使用了其他点缀，比如直线、星星和拳头，使封面更生动活泼。偶尔也会使用插画和照片。

战争后期的封面设计也反映出了图书主题的变化，逐渐简化，几乎又恢复了最初的三段网格之间的比例。

《一个对抗整个欧洲的人》，1939 年

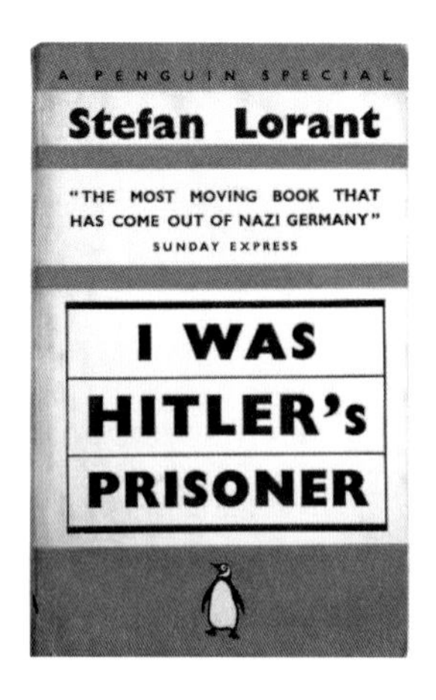

《我曾是希特勒的囚徒》，1939 年

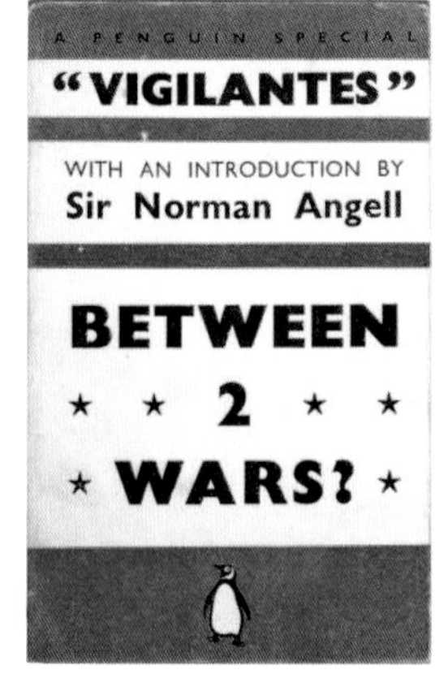

《两场战争之间？》（护封），1939 年

《德国，你要怎样？》，1939 年

《中国为统一而奋斗》（护封），1939 年

《德意志帝国》（护封），1939 年

《英国为何参战？》（护封），1939 年

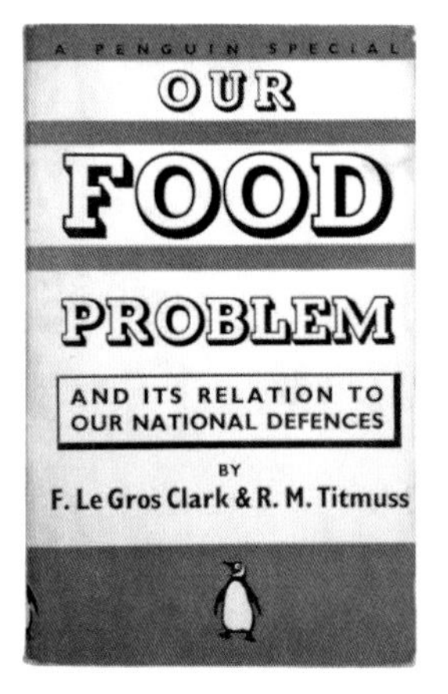

《我们的食品问题》，1939 年

《企鹅政治地图》，1940 年

《人的权利》，1940 年

《我们的挣扎》（护封），1940 年

《我的芬兰日记》（护封），1940 年

《战争与和平的常识》，1940 年

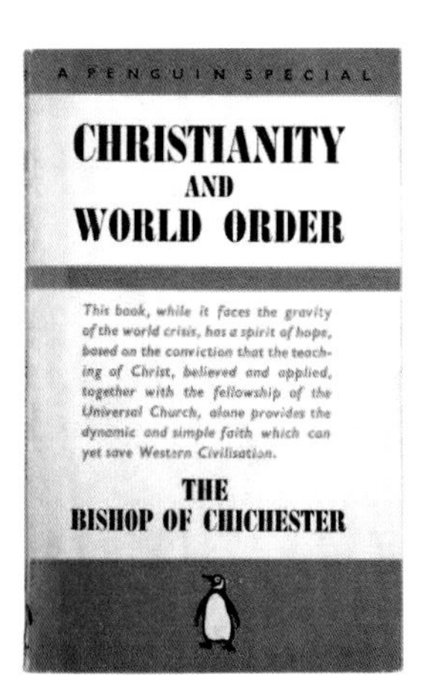

《基督教与世界秩序》，1940 年

《战争的新方式》，1940 年

《飞行器图鉴》，1941 年

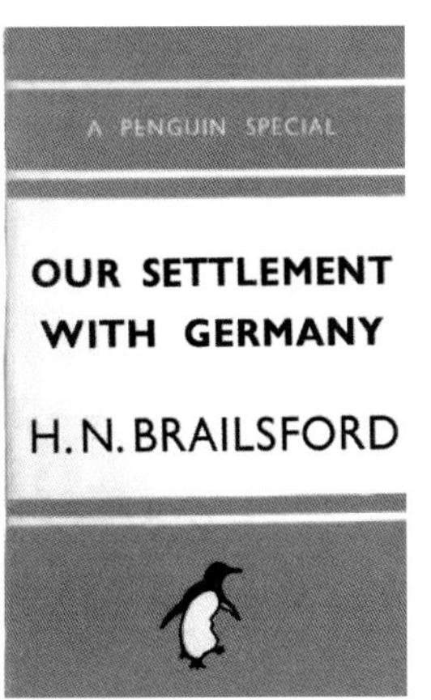

《口舌之战》，1942 年

《和德国清算》，1944 年

《租借》，1944 年

《罗马城燃烧时》，1940 年

赞助业务：卖广告，1938

早期的企鹅图书会在封底或内文之后的空白页上列出其他可获得的书目，有时候会以一则广告的方式宣传某本特定的书（见下图）。1938 年 2 月，企鹅图书中首次出现了商业广告。有一段时间，广告收入保证了图书定价可以维持在 6 便士。大约从 1944 年开始，广告业务被大幅削减。

《基督教与世界秩序》，1940 年

《体育探险》，1943 年

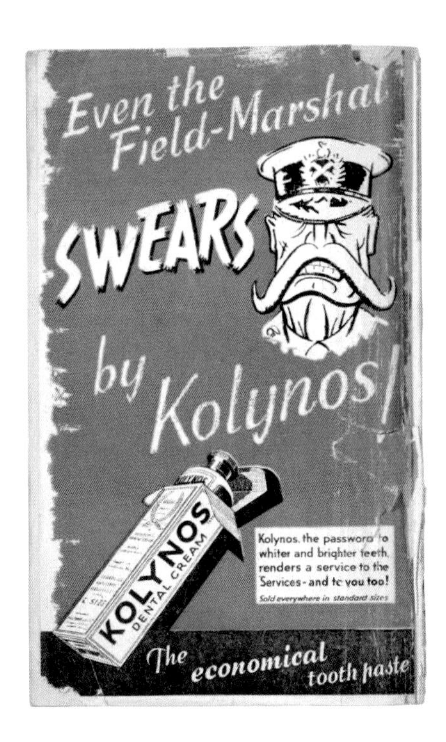

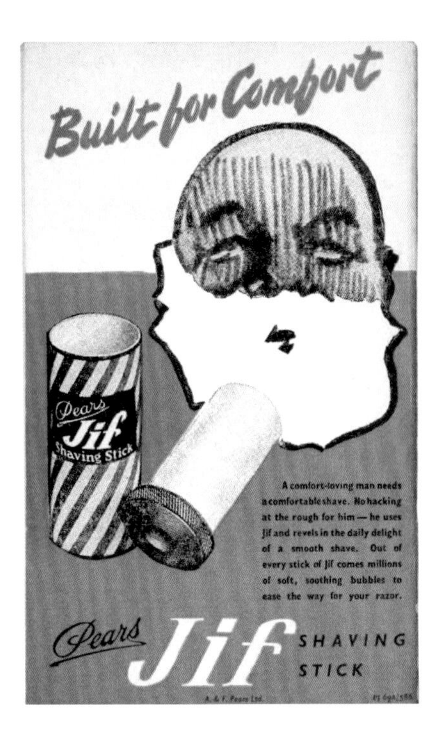

《满屋》，1941 年

《收到鲜花的法官》，1944 年

《爆炸》，1941 年

《此处安息》，1943 年

给孩子们："海雀绘本"，1940

早期的很多系列是因为艾伦·莱恩预感到某个特别的想法可能行得通而得以发行，这些想法时常被他周围的人视为盲目乐观。大多数情况下，他对选题的判断很准确，也知道团队中谁的执行力最强。但是童书则完全不同。

诺埃尔·卡林顿，作为印刷和设计的权威，在战前就第一个向莱恩提议做一套儿童绘本。卡林顿早就算好了如果用平版印刷代替凸版印刷，那么一本 32 页的书，其中 16 页彩色，16 页黑白，定价依然可以维持在 6 便士。莱恩当时没有马上采纳这个建议，但是战争一爆发，孩子们开始从城市中撤离，他就非常急切地推动这套书的出版。1940 年 12 月，"海雀绘本"出版，首批 4 本中有 3 本跟战争相关——在陆地上、海里和天空中的战争，第 4 本则是《在农场》(*On the Farm*)。

画家们在印刷车间工作，他们直接在石头（印刷表面）上画画，那真是非常时期。如果在和平时期，这样的工作方式一定会被印刷业联合会禁止的。

这套书的艺术表现得到了认可，但是由于开本笨拙且易损坏，它们并没有受到书店的一致欢迎。尽管如此，它们还是为优质儿童文学开辟了市场。一年之后，由埃莉诺·格雷厄姆编辑的"海雀故事书"系列也出版了。

右图：《陆战》，1940 年
【封面插图：詹姆斯·霍兰德】

A PUFFIN PICTURE BOOK

No. 1

War on Land

by James Holland

PENCE

《新生物学》卷 I，1946 年

期刊

企鹅早期成功的一大原因是艾伦·莱恩对时机的敏感和发现机会的眼光。战争期间由于很多娱乐项目被削减，甚至不复存在，人们对于各类图书的需求比战前多了许多，于是企鹅出版了几种期刊，只要赢利就一直出下去。

从设计角度来看，它们形态各异，跟之前的主流系列还称得上有关系的只有两种：《企鹅巡游》和《企鹅议事录》。

《俄罗斯评论》值得注意，因为它是企鹅第一次使用了较大一点的 B 开本，而 1947 年的《科技资讯》的封面则突出了主题的严肃性。

对页：

《科技资讯》卷 I，1946 年

《俄罗斯评论》卷 I，1945 年

《企鹅新作》卷 I，1941 年

《企鹅议事录》卷 I，1940 年

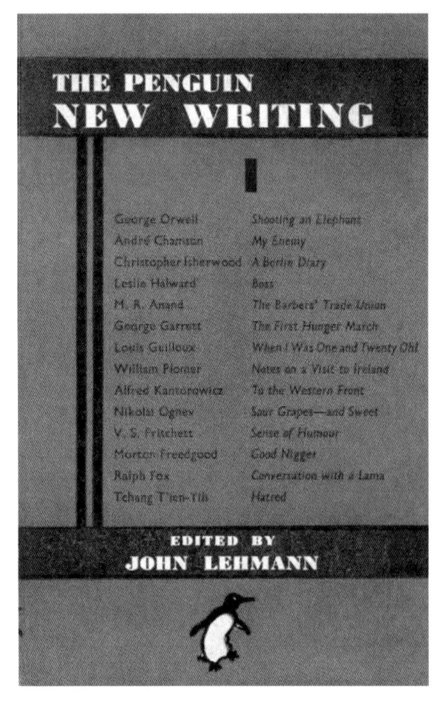

对页：

《企鹅巡游》卷 I，1937 年

《企鹅电影评论》卷 I，1946 年

SCIENCE
NEWS
I
ONE
SHILLING

RUSSIAN
REVIEW
I
ONE
SHILLING

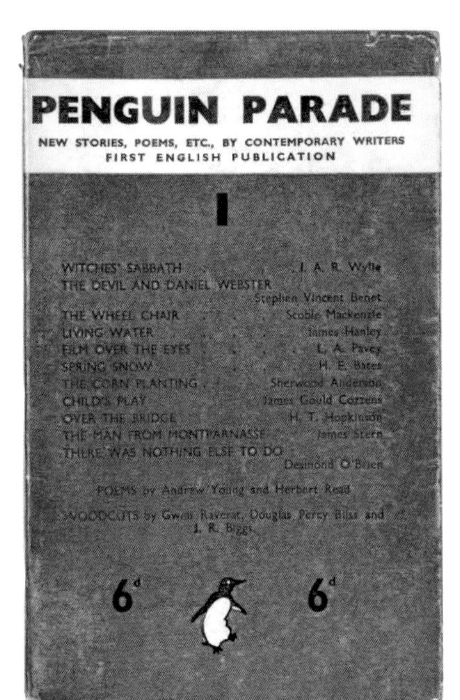
PENGUIN PARADE
NEW STORIES, POEMS, ETC., BY CONTEMPORARY WRITERS
FIRST ENGLISH PUBLICATION
I
WITCHES' SABBATH . . . J. A. R. Wylie
THE DEVIL AND DANIEL WEBSTER Stephen Vincent Benet
THE WHEEL CHAIR . . . Scobie Mackenzie
LIVING WATER . . . James Hanley
FILM OVER THE EYES . . . L. A. Pavey
SPRING SNOW . . . H. E. Bates
THE CORN PLANTING . . . Sherwood Anderson
CHILD'S PLAY . . . James Gould Cozzens
OVER THE BRIDGE . . . H. T. Hopkinson
THE MAN FROM MONTPARNASSE . . . James Stern
THERE WAS NOTHING ELSE TO DO Desmond O'Brien
POEMS by Andrew Young and Herbert Read
WOODCUTS by Gwen Raverat, Douglas Percy Bliss and J. R. Biggs
6d
6d

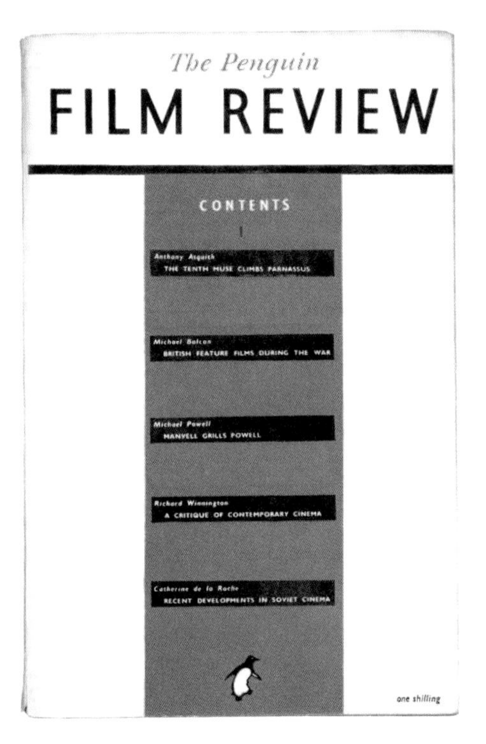
The Penguin
FILM REVIEW
CONTENTS
I
Anthony Asquith
THE TENTH MUSE CLIMBS PARNASSUS
Michael Balcon
BRITISH FEATURE FILMS DURING THE WAR
Michael Powell
MANVELL GRILLS POWELL
Richard Winnington
A CRITIQUE OF CONTEMPORARY CINEMA
Catherine de la Roche
RECENT DEVELOPMENTS IN SOVIET CINEMA
one shilling

《横跨大西洋》，1943 年 9 月

《横跨大西洋》，1943 年 10 月
封面插图：威尔弗雷德·佛赖尔

一段特殊关系：《横跨大西洋》，1943

《横跨大西洋》的编辑杰弗里·克劳瑟（Geoffrey Crowther）在第 1 期的引言中说，这将是“每月一次从英国的视角出发，对在美国发生的事情所做的评论”。1943 年 9 月，在盟军首次安全登上欧洲大陆，战争形势也更加明朗之后，《横跨大西洋》出版了。编委会的成员之一阿利斯泰尔·库克（Alistair Cooke），后因长期担任 BBC 家庭服务频道（后更名为 Radio 4）《美国来信》栏目的主持人而出名。

这些封面有的描绘了两个国家为战争所做的努力，有的描绘了这两个国家之间的紧密联系。和海雀绘本一样，插图也使用了平版印刷。

《横跨大西洋》，1944 年 1 月
封面插图：齐妮亚

《横跨大西洋》，1944 年 4 月
封面插图：埃里克 · 弗雷泽

《小夜曲》，1947 年
【封面插图：罗伯特·乔纳斯】

《无法忍受的巴辛顿》，1947 年
【封面插图：罗伯特·乔纳斯】

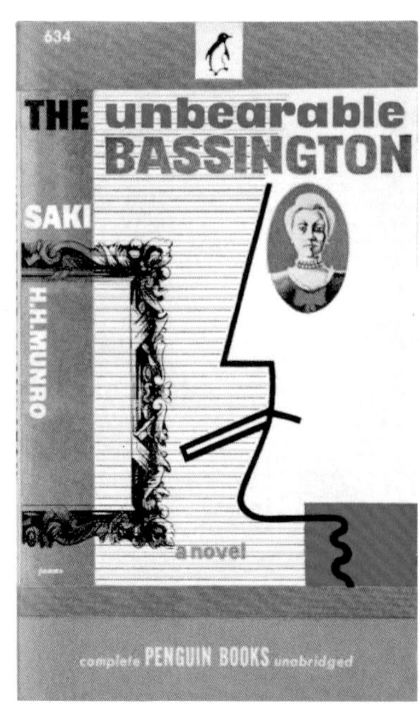

《奥德赛》，1947 年
【封面插图：罗伯特·乔纳斯】

《天鹅绒陷阱》，1947 年
【封面插图：罗伯特·乔纳斯】

短暂的自由：
美国企鹅封面，1942—1947

《公众舆论》，1946 年
【封面插图：罗伯特·乔纳斯】

企鹅第一个海外办公室于 1938 年在纽约成立。美国公司由约翰·莱恩创办，库尔特·伊诺克（Kurt Enoch）和伊恩·巴兰坦（Ian Ballantine）运营，主要是作为英国本土出版图书的进口代理。日军袭击珍珠港（1941 年 12 月）之后，图书进口业务中断，企鹅美国公司开始自主出版图书。在美国，图书经常与杂志一起销售，直接竞争，所以书的营销方式也需要适应美国市场。

1942 年约翰·莱恩去世后，各种管理问题相继出现，主要是艾伦·莱恩和伊恩·巴兰坦的理念有很大不同。1945 年伊恩离开企鹅，创办了班塔姆出版社（Bantam Books），维克多·韦布赖特（Victor Weybright）接替了他的工作。韦布赖特邀请画家罗伯特·乔纳斯（Robert Jonas）为许多新书绘制插图。这些与众不同的封面跟英国企鹅的设计简直属于两个世界。美国的封面应归功于这些后来应用到广告中的商业艺术，而英国的封面依然依赖印刷业的排版传统。

除了在插图上下功夫外，美国的封面也在品牌上做文章，在封面上下两端均给标识和子品牌名称专门留出区域。美国版的企鹅标识跟那时英国的稍微有点儿不一样，鹈鹕被改得更优雅了。

《太阳的生死》，1945 年
【封面插图：罗伯特·乔纳斯】

“现代画家”，1944

“现代画家”系列的出版理念是，在国家级艺术品纷纷被转移至乡村安全地带的时期依然能够让大众欣赏到艺术。这一亲民的艺术宣传系列也帮助几名年轻的英国画家成名。

这个系列先是由英国国家美术馆馆长肯尼思·克拉克向 W.E. 威廉姆斯建议，再由威廉姆斯向艾伦·莱恩提议。提议通过后，除了负责找人写文章以外，克拉克还负责画作和画家的选择，其中很多画家是他的朋友。尤妮斯·弗罗斯特负责统筹，从找到那些要拍摄的画作到敲定各级标题，再到时间控制。

这个系列最值得注意的是彩色印刷，由《彭罗斯年鉴》(*The Penrose Annual*)的编辑 R.B. 菲兴登监管。他们在拍照、印版和印前打样上花费了大量工夫，确保颜色尽可能地准确。这套书是向国民宣传艺术，因此艾伦·莱恩获得了艺术品印刷用纸的配额，最终的成品看起来根本不像是在战争时期生产的。第一批于 1944 年 4 月出版，战争结束前又出了另外两本。

这套书的封面非常直接，主要有 3 种风格。大多数都有一个印有彩色图案的护封。

《爱德华·伯拉》，1945 年

《本·沙恩》，1947 年

RALPH TUBBS

LIVING IN CIT

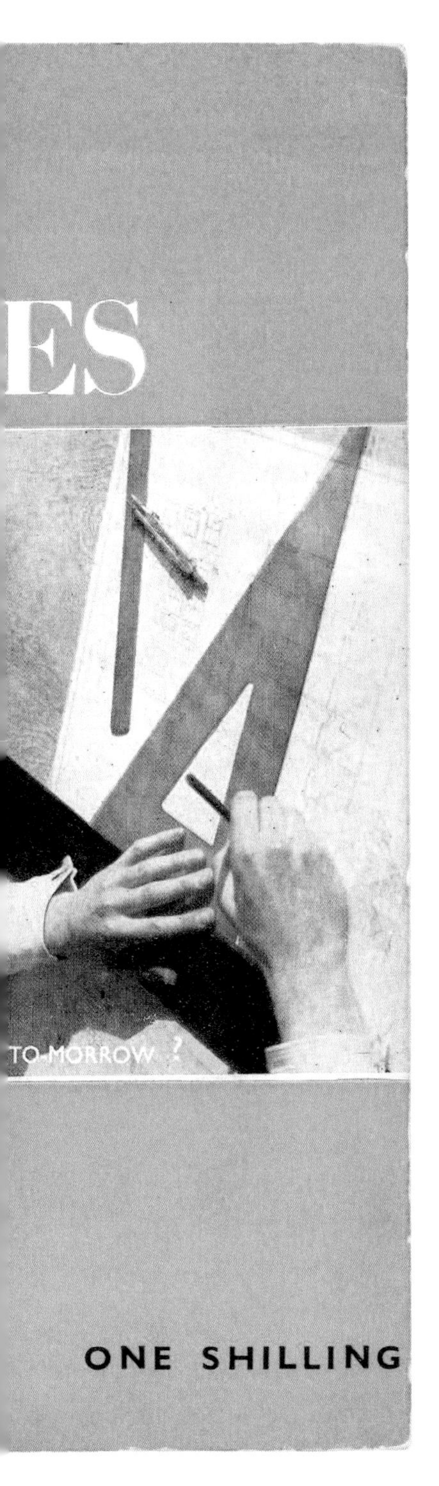

《城市生活》，1942 年

战后重建

就像战前的“特刊丛书”谈论的是那个时期的困难一般，企鹅在战时和战后初期的出版常常以重建为主题。这个时期的很多书在谈建筑和规划，海雀绘本随后还使用了两倍于 A 开本的尺寸。这时没有一个封面设计统一的大系列，有些书还带着战前的业余水准，有的书则比较清楚地展示了现代设计的发展。《城市生活》(*Living in Cities*) 属于后者，它将照片以电影胶片的方式排列，突出显示要讨论的内容，并反映出对战后必然要发生的大规模重建的乐观态度。

《奥德赛》大圆章，
威廉·格瑞蒙德设计，约 1945 年

第一本“企鹅经典”，1946

“企鹅经典”系列的出版是艾伦·莱恩用直觉战胜那些反对声音的又一个例子。

E.V. 里乌把他翻译的《奥德赛》拿给企鹅询问是否可以出版的时候，市场上已经有了其他几个译本。里乌 1887 年出生，之前曾任梅休因出版社（Methuen）教育出版经理，1925 年还为梅休因编辑出版了《拉丁诗歌》（*A Book of Latin Poetry*）。里乌的夫人在听到他对《奥德赛》的口译后，鼓励他写下来。莱恩读了两章就决定出版了。《奥德赛》一上市就获得了巨大的成功，在 1960 年《查泰莱夫人的情人》（*Lady Chatterley's Lover*）出版前，一直是企鹅最畅销的书。这也是里乌亲自编辑的一个系列的第一本书，里乌一直干到 1964 年。当然，这个系列现在依然在继续出版。

这本书的封面由当时的产品经理约翰·奥弗顿设计，字体使用的是埃里克·吉尔在 1928 年设计的 Perpetua。尽管布局笨拙，但它的古典风格恰到好处地体现了书的主题，而且还有一个由威廉·格瑞蒙德设计的圆形插图，也叫大圆章。里乌不喜欢这个插图，因为画中的船满帆航行却还在用桨。大圆章后来在 1959 年重印的时候被重新画过（见本书 62 页第 6 个图），可是这个错误依然存在。

这个系列的颜色似乎在一开始就被考虑过了（本书 60 页），棕色表示古希腊经典。在 1947 年至 1948 年扬·奇肖尔德（Jan Tschichold）重新设计这个系列的封面之前，只有前 7 本书的封面是这样的。

《奥德赛》，1946 年

E. V. 里乌
艾伦・莱恩
J. E. 毛伯格奥
R. B. 菲兴登
W. E. 威廉姆斯
理查德・莱恩
诺埃尔・卡林顿

II. 连贯性和竞争，1947—1959

选自罗德里戈·莫伊尼汉（Rodrigo Moynihan）的作品《会后：企鹅的编辑们》（*After the Conference: The Penguin Editors*），1955 年
布面油画，3.0m × 4.3m

1. 引自《彭罗斯年鉴》卷 46，林顿·兰姆，《企鹅图书：风格与大规模生产》，1952 年，第 40 页。

扬·奇肖尔德

2. 布里斯托尔档案馆，DM1294 16/1。

II. 连贯性和竞争，1947—1959

英国著名的印刷排版设计师比阿特丽斯·沃德（Beatrice Warde）曾说：“早期企鹅图书的排版是规则、好习惯和现实主义经济的实践，是最成熟的设计师才能做到的。”[1] 她这么说其实是客套话。战前，企鹅图书的内页在 1937 年 Times New Roman 字体出现之后有了改进，但其实也很普通。艾伦·莱恩喜欢正文紧跟着封面，封面和正文之间并无扉页。章节标题、书名和其他版面元素也没有统一标准，基本上是由各个印刷厂随意决定的。

战后，这些问题依然存在，不过更多是因为印刷厂的人工和物质同时紧缺造成的。莱恩认为企鹅图书的品质需要改进，一方面是由于他觉得现行标准实在太低，另一方面是不可避免地要面对新的平装书出版社的竞争。莱恩希望柯温出版社（Curwen Press）的奥利弗·西蒙（Oliver Simon）——《字体排版》[*Introduction to Typography*，费伯－费伯出版社（Faber & Faber），1945 年] 一书的作者，同时也是“革新传统”风格的典型代表——为企鹅工作，西蒙婉拒了，不过他向莱恩推荐了当时最著名的字体排版专家扬·奇肖尔德。莱恩和西蒙一起亲赴瑞士邀请，扬·奇肖尔德最终在 1947 年 3 月到哈芒斯沃斯任职，全面负责字体排版和印刷，他的薪水当时也是全公司最高的。

扬·奇肖尔德生于 1902 年，曾在印刷厂做学徒。两本书的出版让他开始崭露头角：第一本《版面元素》（*Elementare Typographie*）于 1925 年出版，第二本《新字体排印》（*Die neue Typographie*）于 1928 年出版。这两本书在“新字体排印”的普及中起到了决定性作用。“新字体排印”指不对称性、无衬线字体和现代感。1933 年，他在被纳粹党解除了在慕尼黑的教师工作后移居瑞士。1935 年，他在瑞士出版了《印刷设计》（*Typographische Gestaltung*）[《不对称的字体排版》（*Asymmetric Typography*），1967 年]。战争爆发前夕因觉得这种设计过于极端，类似法西斯主义，他摒弃了“新字体排印”，回归古典主义并做了革新，启用了衬线字体和居中版式。这也是让奥利弗·西蒙称赞的地方，同时艾伦·莱恩也想将其应用到企鹅图书上。

莱恩后来形容奇肖尔德是“一个性格倔强又温和的人”[2]。奇肖尔德接受这个职位前要了几本样书，来英国前就把注释了批评意见的样书寄了回来。他审视了企鹅排版的每个细节：内文版式、企鹅标识和封面。

奇肖尔德在企鹅任职期间（1947—1949），针对排版标准和统一性的问题重新规范了所有的印刷厂，并将这些整合在一起，成了著名的《企鹅排版规则》(*Penguin Composition Rules*)。该规则最初只是一份四页纸的传单，是对排版风格简洁精确的说明，其中影响最大的一条是“大写字母必须调整字间距”[3]。过去12年中，企鹅标识已经经历了一些变化，奇肖尔德上任之后重新绘制了爱德华·扬于1939年设计的版本，创造了具有决定性的样式并一直用到2003年。

3. 之前的字母是不做任何字间距调整的，笨拙的字母组合在一起，比如一个单词中的AW就会有一个视觉上的“空洞”。

汉斯·施穆勒

标准且有特色的三段网格封面经历了一次“整容手术”，三个小的变化，即延续使用Gill Sans字体的同时微调字间距，书名和作者名中间插入一条细线，并在字间距的使用上保持一致性——让封面更加引人注目。并不是所有的变化都被立即执行，奇肖尔德不得不花费大量的时间制定关于这三个变化和其他变革的清晰的书面说明。

其他系列的封面设计也做了改进。1946年的“企鹅经典”设计中未能表现出来的古典主义从第8本开始实现，类似的带边设计也被用于“企鹅莎士比亚”、诗歌和“鹈鹕”系列。奇肖尔德设计的这些封面和许多扉页毋庸置疑地展示出他对空间的掌控已经到了炉火纯青的地步。但是他在企鹅工作的时间因英镑汇率的大幅降低而减少了。1949年，他回到瑞士，推荐了柯温出版社的职员汉斯·施穆勒(Hans Schmoller)做他的接班人。

跟奇肖尔德一样，汉斯·施穆勒在德国出生并长大，也在印刷厂做过学徒。20世纪30年代，作为一个犹太人，他在纳粹反犹主义的政权统治下受到很多限制。1937年，他辗转来到英国；1938年，他在南非找到了一份工作，战争期间一直待在那里。在莫里亚出版公司[Morija Printing Works，位于现在的莱索托(Lesotho)]工作期间，他奉行奥利弗·西蒙的“革新的传统主义”(reformed traditionalism)，并且开始跟西蒙通信。1946年施穆勒成为英国公民，次年来到英国本土工作，在柯温出版社短暂工作了一段时间后被奇肖尔德推荐来到了企鹅。

施穆勒最鲜明的身份是字体设计师。企鹅21岁生日的时候，《印刷评论》(*Printing Review*)这样总结施穆勒的成就：

> 他充分继承了奇肖尔德的设计，并精益求精，将之推向完美。当今企鹅干净简洁的风格广受赞誉，要想达到这样的水平，非一般能力和品位可及，明白这一点的人们尤其赞不绝口。[4]

4. 选自伯比奇和格雷的《企鹅全景图》,《印刷评论》卷20，第72期，1956年，第18页。

这是一个基于合理规则和反复验证的设计，虽然施穆勒也得如前任奇肖尔德一般，一次又一次地重复他那坚定的“字母间距要在视觉上完全一致”的

5. 语出戴维·班恩（David Bann），选自杰拉尔德·辛纳蒙（Gerald Cinamon）编的《记录》第 6 期，1987 年 4 月，第 39—40 页。

原则。他以一丝不苟并且能够发现极其微小变化的能力而著称。他有个昵称叫“半磅（Half-Point）施穆勒”[1]，是“唯一能够在 200 步开外识别 Bembo 字体和 Garamond 字体句号的人”[5]。

到 20 世纪 50 年代早期，企鹅图书的字体排印标准已经远远高于英国其他平装书出版商，可惜封面似乎过时了。尽管三段水平网格式封面已被视为经典，但并不足以应对来自其他出版商日益激烈的竞争，也无法逃避一个事实—— 已经有 700 多本书使用了这种封面，也许更大的视觉差异会是件好事。

施穆勒在奇肖尔德和他的助手埃里克·埃尔加德·弗雷德里克森（Erik Ellegaard Frederiksen）设计的基础上敲定了一款设计：垂直网格（本书 74—80 页）。该设计中，中间白色区域两侧是比以前更窄的颜色编码的竖条，为书名、作者名、宣传语或插图留出了空间。这款设计的首个封面于 1951 年亮相，在满足引人注目的视觉变化需求与保持强烈的品牌整体形象之间达到了雅致的平衡。

但这款设计的早期版本还是被认为跟不上时代，一成不变的黑色或双色线条看起来更像典型的战前封面，又像《广播时报》（*Radio Times*）之类的杂志的黑白页。毋庸置疑，它需要更多改变。随后一些微妙的变化出现在了这些封面上，比如，Corvinus 字体成了奥尔德斯·赫胥黎（Aldous Huxley）的专用，还有很多作者用自己专属的字母组合作为额外的标识。插图的使用也越来越广泛，施穆勒起用了皇家艺术学院极具天赋的毕业生们，如戴维·金特尔曼（David Gentleman）。尽管如此，封面设计依然受到垂直网格的严格限制。出发点很好，但结果却使许多封面看上去很滑稽。设计师们也因此对是否可以突破橘色边框产生了犹疑。

企鹅的选题在这一时期继续扩展。1951 年，尼古拉斯·佩夫斯纳的鸿篇巨制“英格兰建筑”系列（本书 68—69 页）出版，最早的两本分别是《康沃尔郡》（*Cornwall*）和《诺丁汉郡》（*Nottinghamshire*）。该系列一开始是平装，封面跟“企鹅经典”系列类似，外围环绕着花纹线，内文页非常清爽，因为施穆勒只使用大小和粗细相同的 Plantin 字体。直到 1974 年，佩夫斯纳才终于将这一系列出完，甚至时至今日的最新版本（由耶鲁大学出版社出版）也依然遵循着施穆勒的设计精髓。佩夫斯纳同时还是“鹈鹕艺术史”系列的编辑，该系列最早在 1946 年提出，最初的两本书在 1953 年出版。这是企鹅第一次涉

1　磅（point，也作 pt）是衡量印刷字体大小的单位，1pt 等于 1/72 英寸，或 0.3527778 毫米。

足大开本主流精装出版，图书出版后获得了出人意料的成功。

1954 年，一个不同以往的里程碑出现了，这就是企鹅常规目录下的第 1000 本书。[6] 艾伦·莱恩对出版有关战争的书有心理障碍—— 其他出版社在这一块可以说是独占市场，因此，他能够出版爱德华·扬的《我们的一艘潜艇》(*One of Our Submarines*) 作为第 1000 本书则显得更加意义重大。

6. 企鹅的每个系列都是按顺序编号的。每开发一个新系列，都会给该系列一个前置代号，比如"鹈鹕"系列代号为 A，然后每个系列开始按顺序自行编号。

整个 20 世纪 50 年代，竞争越来越激烈。像泛出版公司 [Pan，由艾伦·博特 (Alan Bott) 于 1944 年在柯林斯出版社 (Collins)、麦克米伦出版社 (Macmillan) 与霍德和斯托顿出版社 (Hodder & Stoughton) 的支持下创立] 和柯基出版社 (Corgi，1951 年成立)，有着更细分的目标读者，营销手段也跟企鹅有很大不同，不过它们似乎还不能立即对企鹅产生威胁，因为企鹅选题广泛，几乎囊括了人类知识和创作的所有方面。尽管洋洋自得，企鹅还是开始意识到垂直网格不搭调的排列和常常过时的插图在与由全彩图片和充满活力的字体构成的封面竞争时显得苍白无力。但是施穆勒不愿意设计活泼的封面，也不愿意跟风使用那些插图去挤入已经拥挤不堪的市场竞争。

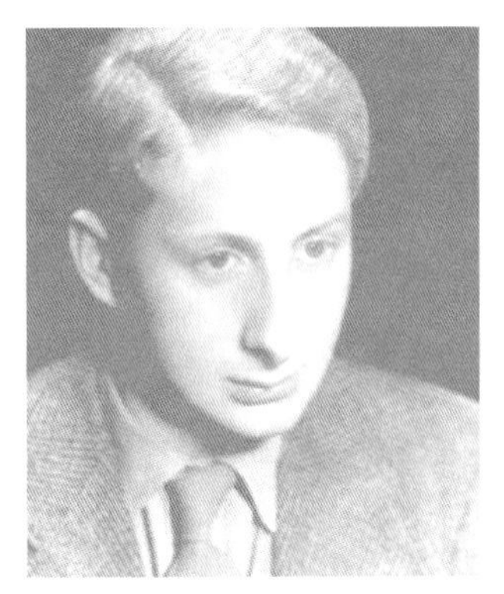

约翰·柯蒂斯

约翰·柯蒂斯 (John Curtis，1928—2005) 于 1952 年加入企鹅，最初担任尤妮斯·弗罗斯特的助理。1956 年，在结束了半年的美国之行回来担任宣传经理之后，他越来越多地参与封面设计，照片和全出血图像被广泛应用 (本书 88—89 页)。董事会还批准了一个封面用全彩插图的新系列作为试验，施穆勒提名亚伯兰·盖姆斯 (Abram Games，1914—1996) 作为新系列的艺术总监。

亚伯兰·盖姆斯最著名的设计是在战争期间为宣传部 (Ministry of Propaganda) 制作的海报和 1951 年为英国节 (Festival of Britain) 设计的会徽。在最初的工作简报中，盖姆斯看到了企鹅美国在战争期间由罗伯特·乔纳斯和其他人设计的封面 (本书 36—37 页)。盖姆斯对色块和学院风绘画的合理使用，使这些封面的品质比企鹅竞争对手的高出一大截。盖姆斯设计了一个严格的架构，并邀请了其他 9 位设计师跟他一起创作所需的图像 (本书 82—85 页)。从 1957 年 4 月上市到被莱恩叫停，该系列的封面试验持续了差不多一年。

这些设计很快被称作"英格兰第一批带有艺术完整性和冒险氛围的全图案平装书封面，但销量欠佳，且图像给人带来的越发混乱的感觉使得这次试验性的尝试被突然叫停"。[7]

7. 选自斯宾塞 (Spencer) 的《前进中的企鹅》,《版式设计》第 5 期，1962 年 6 月，第 21 页。

该试验没有被认真执行，没有任何宣传来协助或阐述这些设计，实际只有 29 个封面最终上市。考虑到封面的高品质，这其实是巨大的浪费，但它们毕竟打破了常规。接下来的两年，约翰·柯蒂斯继续担任封面设计艺术总监。他的设计对既存架构的依赖甚少，还起用了年轻的自由设计师，像德里克·伯兹奥尔（Derek Birdsall）、艾伦·弗莱彻（Alan Fletcher）和赫伯特·斯宾塞（Herbert Spencer），他们轮流使用照片和更活泼的字体。这期间设计的封面与盖姆斯试验并没有一致性，但是它们指出了前进的方向。企鹅迫切需要一位全职封面艺术总监和一个全新设计方案。

对页：20 世纪 50 年代，企鹅面临着来自其他平装书出版社日益增长的竞争压力，企鹅努力找到了前进的方向，它的书继续畅销，看起来却不再廉价。随着这 10 年的流逝，企鹅图书对 Gill Sans 字体的依赖减少，封面的整体构图也越来越随和。图像——不管是照片还是插图——地位提升，被赋予了吸引公众注意力的使命。传统的、观察性的插图多用在小说上，而更加严肃的“鹈鹕”系列和“特刊丛书”则越来越多地使用图像大杂烩来表达想法。

Strategy for Survival

First Steps in Nuclear Disarmament

FABIAN

A Penguin Special by

WAYLAND YOUNG

2'6

《生存策略》，1959 年
封面插图：埃尔温 · 法比安

扬·奇肖尔德的试验性设计，1948 年（埃里克·埃尔加德·弗雷德里克森协助）

扬·奇肖尔德的设计变革：水平网格，1948

扬·奇肖尔德的变革并不涉及彻底全新的面貌，而是对现有封面设计的各个方面进行了微妙的调整，包括字体的大小、粗细，以及每个版面元素的位置和标识的绘制。

最明显的改变是出版社的名字用 Gill Sans 字体替换了 Bodoni Ultra Bold 字体，封面和内文上的字母都变成大写，字间距也进行了肉眼几乎注意不到的微调，对比《剖析和平》(*The Anatomy of Peace*)或者本书 14—19 页上的封面和后面对开页上的封面就可以看出有多大改变。最初的新设计在中间网格的上下两端增加了一条精致的细线作为与橘色网格的界线，不过这个设计应用于少数图书后就被取消了。奇肖尔德还重新绘制了爱德华·扬 1939 年版的标识。

战前封面的水平网格也做了调整以便能够容下插图。《夸特马斯实验》(*The Quatermass Experiment*，本书 55 页)是早期“电视绑定版”的一个例子。

1951 年垂直网格出现后，水平网格只是时不时地出现在常规图书封面上。值得注意的是修改后的企鹅第 1000 本书《我们的一艘潜艇》(本书 55 页)的封面，该书作者是企鹅第一任产品经理。犯罪小说继续使用水平网格，直到 20 世纪 60 年代早期。唯一的改变是字体排版，改为左对齐并加了简短的“宣传语”。

《不披斗篷》，1949 年

《航行》，1949 年

《剖析和平》，1947 年

《最终流放》，1949 年

《索尼娅》（护封），1949 年

《查尔斯・兰姆和伊利亚》，1948 年

《三尖树时代》，1954 年

《夸特马斯实验》，1959 年

《我们的一艘潜艇》，1954 年

《袖里的谋杀》，1961 年

“企鹅莎士比亚”，1951

第一批“企鹅莎士比亚”图书于1938年出版，从字体排印上来说，其貌不扬。该系列再版时，扬·奇肖尔德对封面和内文版式进行了大幅修改。他的助手埃里克·埃尔加德·弗雷德里克森后来写道：

> 从字体排印角度看，企鹅的莎士比亚可能是最容易被忽视的一个系列。（第一版）封面大红且素雅，罗马字体，标题半粗体。奇肖尔德邀请英格兰最著名的木刻版画家之一雷诺兹·斯通（Reynolds Stone）刻了一幅莎士比亚肖像木刻版画放在正中，四周加上边框和漂亮的字体排版。配上肖像上下的红色字体，这个封面可以说是奇肖尔德最漂亮的设计之一。字体是Bembo，与点缀其间的斯通版画风格一致。该版本使用了书纸，比之前的企鹅图书用纸要厚。纸张颜色调整成了舒适的浅黄色，装帧也得到了改进。企鹅莎士比亚系列辨识度不高。《十四行诗》这一梦想之作后来也被收入这一系列，从此大家可以购买这一经典的雅致平装版了。
>
> ——弗雷德里克森，第16—17页

奇肖尔德回到瑞士之后，这个设计一直被沿用到1967年。最初使用的厚书纸后来改为普通光滑铜版纸，少了些许视觉和触觉的吸引力。

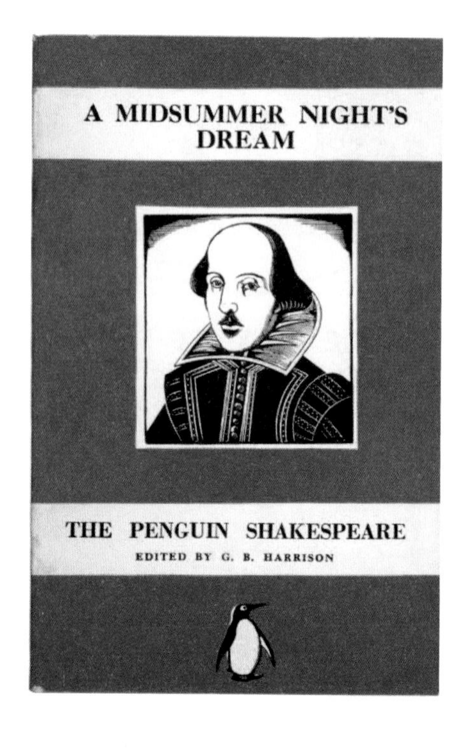

《仲夏夜之梦》，1940年

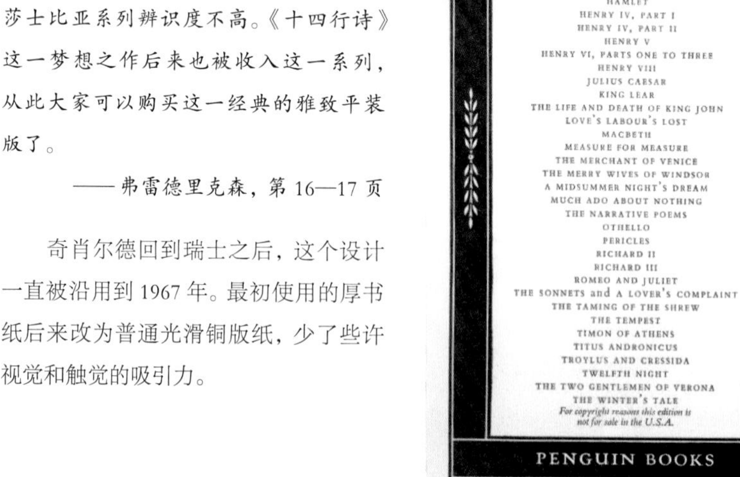

《十二夜》（封底），1968年

THE PENGUIN SHAKESPEARE
Twelfth Night
Edited by G. B. Harrison
Four shillings
PENGUIN BOOKS

《十二夜》，1968 年

《欧洲建筑概览》，1951 年

“鹈鹕”再设计，1949

“鹈鹕”再设计由奇肖尔德发起，弃用了原始的水平网格，在他随后设计的诗歌和“企鹅莎士比亚”系列以及汉斯·施穆勒设计的“手册”系列中都有体现。

外围的每条边框内都有子品牌名称 A PELICAN BOOK（“一本鹈鹕书”）。该设计留出的区域可以自由放置文字和相配的图案。

很多书的中央区域只有字体排印，有时会有一些内容简介。鹈鹕继续使用了企鹅主线系列使用的 Gill Sans 字体，但几乎总是会把之前字母的全部大写改为大小写相间。

封面也配了插图，插图的风格都是仔细斟酌后能够反映图书内容的。

后来对这一设计的改良则把边框扩大到能够容下所有文字并将插图完全框起来（《草》）。

《草》，1954 年
【封面插图：琼·桑普森】

《我们脚下的土地》，1958 年
封面插图：赖因格纳姆

STANDARD PENGUIN CLASSICS COLOURS

Numbers always refer to Lorilleux & Bolton colour guides except where otherwise stated.

ARABIC	yellow	
DANISH	blue-grey	M.D.60207
CHINESE	sung green	W.C.C. 00658
ENGLISH	orange	M.D.60211
FLEMISH/DUTCH	gentian blue	W.C.C. 42
FRENCH	green	M.D.60214
GERMAN	sage green	M.D.60206
GREEK	brown	M.D.60209
IRISH	bottle green	Richardson 0728
ITALIAN	blue	M.D.60204
JAPANESE	heliotrope	11 A
LATIN	violet	M.D.60212
PALI	sap green	W.C.C. 62
RUSSIAN	red	M.D.60205
SCANDINAVIAN	buff	M.D.60213
SPANISH	peacock	M.D.60210
PORTUGESE	rose	M.D.60208

“企鹅经典”系列的色板

“企鹅经典”新风格，1947

“企鹅经典”系列是最先因奇肖尔德的关注而受益的图书之一，延续了水平网格，因此他的改动更确切地说是改良。

约翰·奥弗顿最初设计（本书 43 页）的主要元素都被保留了下来，但奇肖尔德还是做了 4 处小的改动：把封面变成了更简洁平衡的组合，将大圆章和花纹边界改成了黑色，这样封面从三色变为了双色；扩大了文字区域，把大圆章收了进来；增加了系列名字，与译者名字用细橄榄形线条隔开；边界的花纹也更精致了。

大圆章的设计交给了几位插画师。设计的版权信息只有在 20 世纪 50 年代后期出版的书上才有。有的大圆章是当时的编辑临摹的古硬币图像。右侧页面展示了一些甄选出的大圆章。

有两本没有遵循上述标准：《浮士德（第一部）》（*Faust, Part I*），该系列编号 L12，是奇肖尔德之前的设计，只有护封上有大圆章，封面全棕色；普鲁塔克（Plutarch）所著的《罗马共和国的衰亡》（*Fall of the Roman Republic*），该系列编号 L84，原始语言是希腊语，但用了紫色。

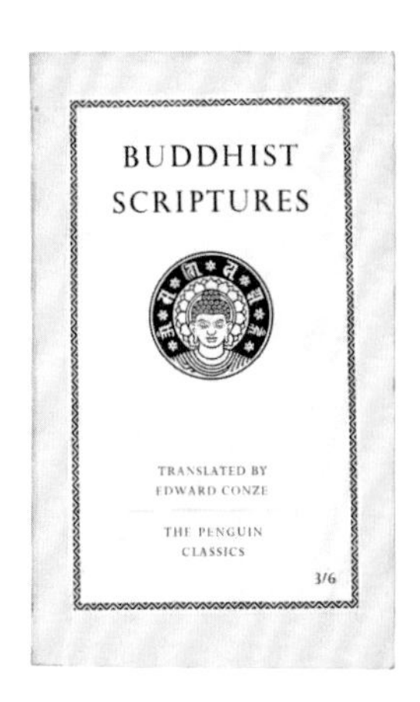

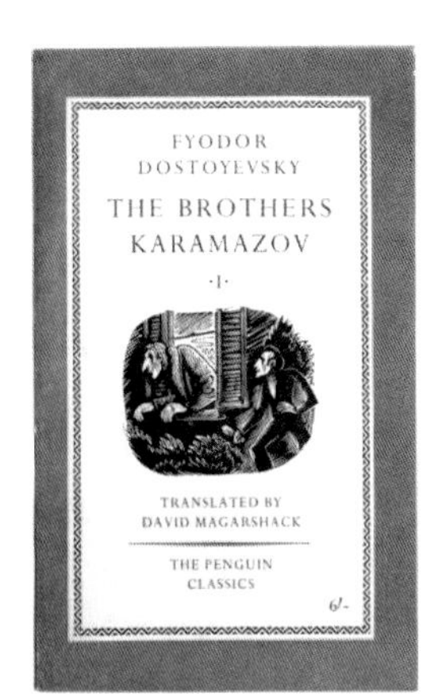

《大藏经》，1960 年
【大圆章：伊丽莎白·弗里德伦德尔】

《礼仪》，1958 年
【大圆章：伊丽莎白·弗里德伦德尔】

《卡拉马佐夫兄弟》卷 I，1958 年
【大圆章：塞西尔·基林】

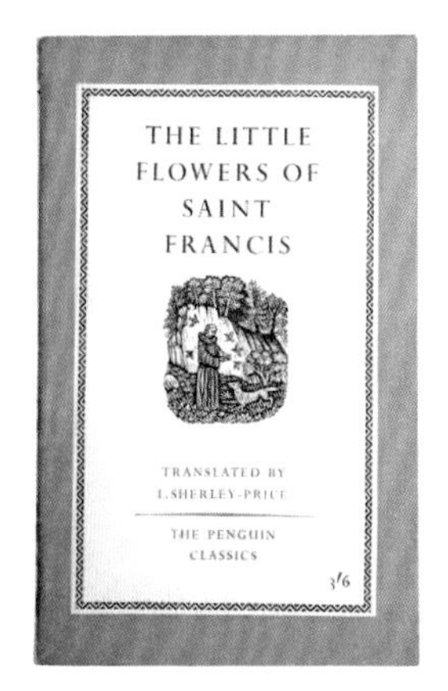

《高文爵士与绿骑士》，1959 年

《征服高卢》，1951 年

《圣法兰西斯的小花》，1959 年
【木刻版画：雷诺兹·斯通】

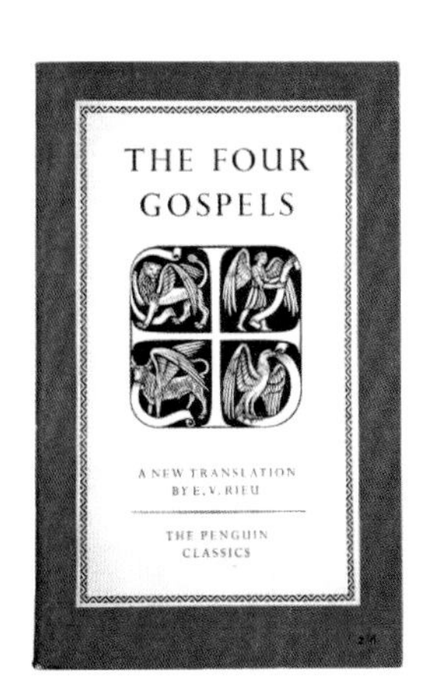

《三故事》，1961 年

《阿拉丁》，1960 年

《四福音》，1952 年
【木刻版画：雷诺兹·斯通】

1.《违背自然》，1959 年

2.《波斯远征》，1949 年

3.《亚历山大大帝》，1958 年
【黛安娜・布卢姆菲尔德】

4.《憨第德》，1947 年
【威廉・格瑞蒙德】

5.《浮士德（第一部）》，1949 年
【多瑞特・韦恩】

6.《奥德赛》，1959 年
【伊丽莎白・弗里德伦德尔】

7.《蒙田随笔》，1958 年

8.《坎特伯雷故事集》，1951 年
【复制了 1498 年温金・德・沃德的木刻版画】

9.《莫里哀喜剧选》，1953 年
【伊丽莎白・弗里德伦德尔】

10.《萌芽》，1954 年
【丹尼斯・哈尔】

11.《金驴记》，1950 年

12.《英格兰教堂史》，1955 年
【伊丽莎白・弗里德伦德尔】

13.《伊利亚特》，1950 年
【乔治・布达伊】

14.《师主篇》，1952 年
【伊丽莎白・弗里德伦德尔】

15.《犹太战记》，1959 年
【贝托尔德・沃尔普】

16.《巨人传》，1955 年
【罗伊・摩根】

17.《白痴》，1955 年
【约翰・迪贝尔】

18.《堂吉诃德》，1950 年
【威廉・格瑞蒙德】

19.《古兰经》，1956 年
【A. 让森斯女士】

20.《成圣的梯子》，1957 年

21.《苏格拉底之死》，1954 年
【同时也用在该系列编号 L68 和 L94 的两本书上】

22.《使徒行传》，1957 年
【伊丽莎白・弗里德伦德尔】

23.《山间客栈》，1955 年
【戴维・金特尔曼】

24.《尼亚尔传说》，1960 年
【伊丽莎白・弗里德伦德尔】

25.《俄瑞斯忒亚三部曲》，1956 年

26.《田园诗》，1949 年
【威廉・格瑞蒙德】

27.《伯罗奔尼撒战争史》，1954 年
【伊丽莎白・弗里德伦德尔】

28.《羊脂球》，1946 年
【克拉克・赫顿】

29.《海鸥》，1954 年

30.《英德两国》，1948 年
【威廉・格瑞蒙德】

31.《一千零一夜》，1955 年

32.《易卜生戏剧选》，1950 年

33.《阿尔戈号航海记》，1959 年

34.《卢济塔尼亚人之歌》，1952 年
【伊丽莎白・弗里德伦德尔】

35.《战争与和平》卷 I，1957 年
【伊丽莎白・弗里德伦德尔】

36.《索福克勒斯戏剧集》，1947 年
【伯特・皮尤】

“乐谱”系列，1949

定价不高的口袋本乐谱是个新奇的主意，不过潜在市场相对较小，销售渠道也跟其他企鹅图书不同。尽管如此，这个系列还是坚持了7年，出版了30本，后来不再赚钱就停止出版了。

该系列由作曲家戈登·雅各布（Gordon Jacob）编辑，几乎收录了音乐厅和唱片中最流行的全部曲目。这些曲目的优势在于都已经是公版。

由奇肖尔德设计的水平网格封面是B开本，为该系列赢得极佳评价。一方面因其微型乐谱的创意，另一方面则要归功于它们优雅的风格。每一本都选取了独特的花纹背景，让人不禁想起古老精装书的环衬；字体排印很正式，位于带边框的区域中；使用了Garamond字体，书名还使用了具有装饰效果的Garamond斜体。

一些花纹后来被汉斯·施穆勒用在他于1954年重新设计的“企鹅诗人”系列封面上（本书67页），再后来还被杰尔马诺·法切蒂（Germano Facetti）用在他于1966年设计的诗歌系列的封面上（本书142页）。

《莫扎特歌剧序曲》，1951年
【封面设计：汉斯·施穆勒
同款花纹不同颜色后被用在诗歌系列编号D30、D33、D36、D45、D47、D50和D57的图书封面上】

MOZART
Overtures: The Magic Flute
and Don Giovanni
PENGUIN SCORES 15 · 3/-

诗歌，1948 和 1954

“企鹅诗人”系列最初于 1941 年出版，不过在奇肖尔德来到企鹅之前只出了 3 本。其中《罗伯特·伯恩斯》（*Robert Burns*）编号 D3，1946 年出版。奇肖尔德在 1948 年设计的该系列封面四周带边框，作者名用 Garamond 斜体来突出［如《塞西尔·戴·路易斯》（*C. Day Lewis*）］。

1954 年，该系列的封面被重新设计，这一次的设计师是汉斯·施穆勒。他的设计大体上模仿了“乐谱”系列（本书 65 页），还有好几个封面使用了该系列的同款花纹，只是换了个颜色。作者名还是斜体，但是换成了粗一点的 Walbaum 字体。施穆勒的老东家柯温出版社在英国首次使用该字体，那是 1925 年。

有几位作家的姓名首字母组成的标识符还被从其主要著作的封面上复制到了他们的诗歌封面上［如《希莱尔·贝洛克》（*Hilaire Belloc*）］。

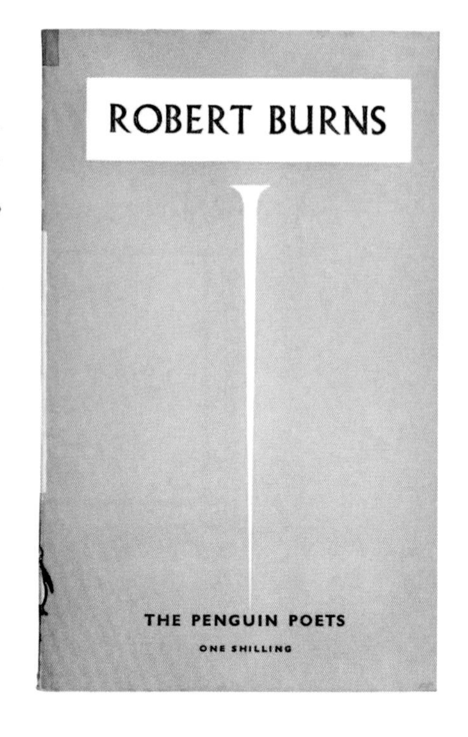

《罗伯特·伯恩斯》，1947 年

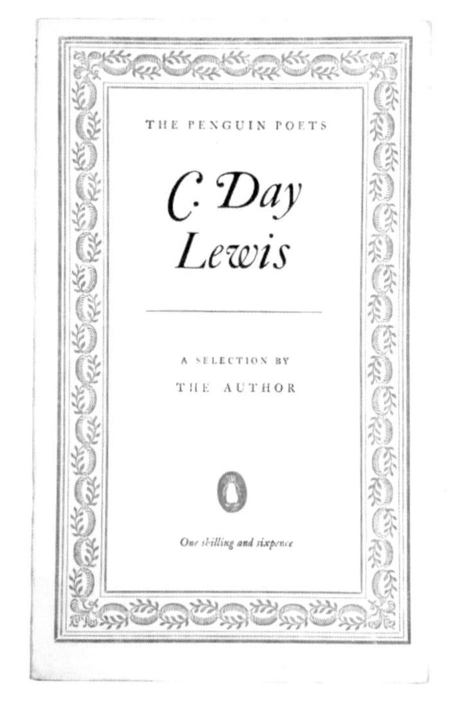

《塞西尔·戴·路易斯》，1951 年

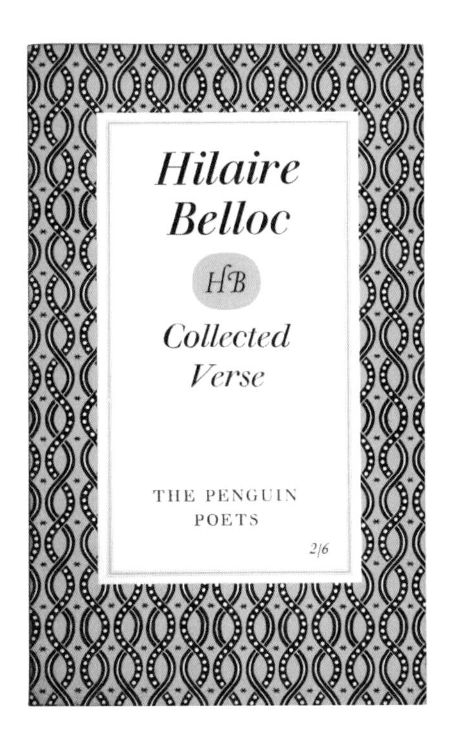

《希莱尔·贝洛克》，1958 年

《斯温伯恩》，1961 年

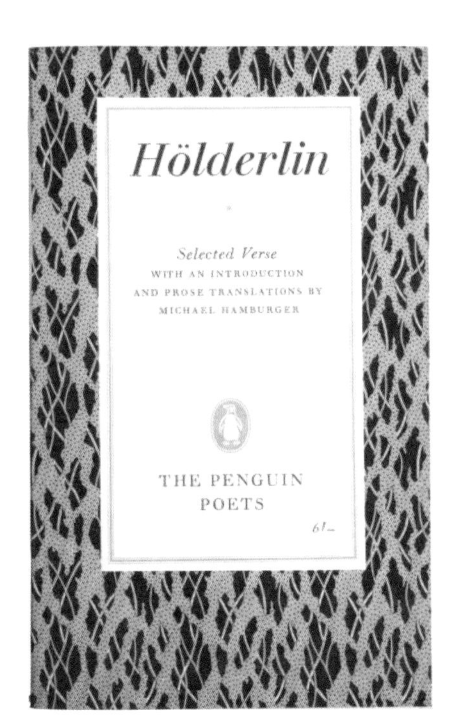

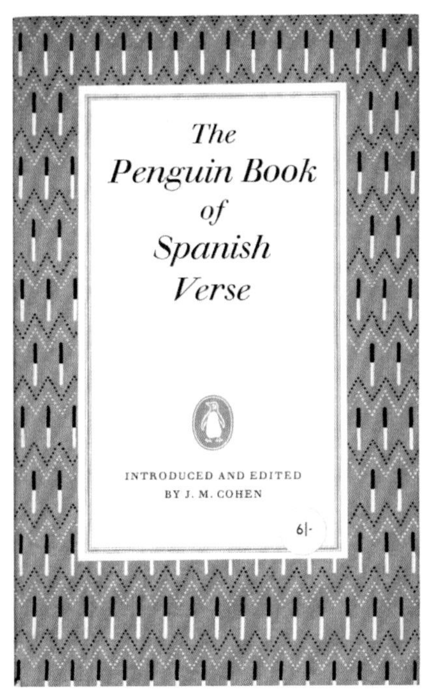

《荷尔德林》，1961 年

《企鹅西班牙诗选》，1960 年

《诺丁汉郡》，1951 年

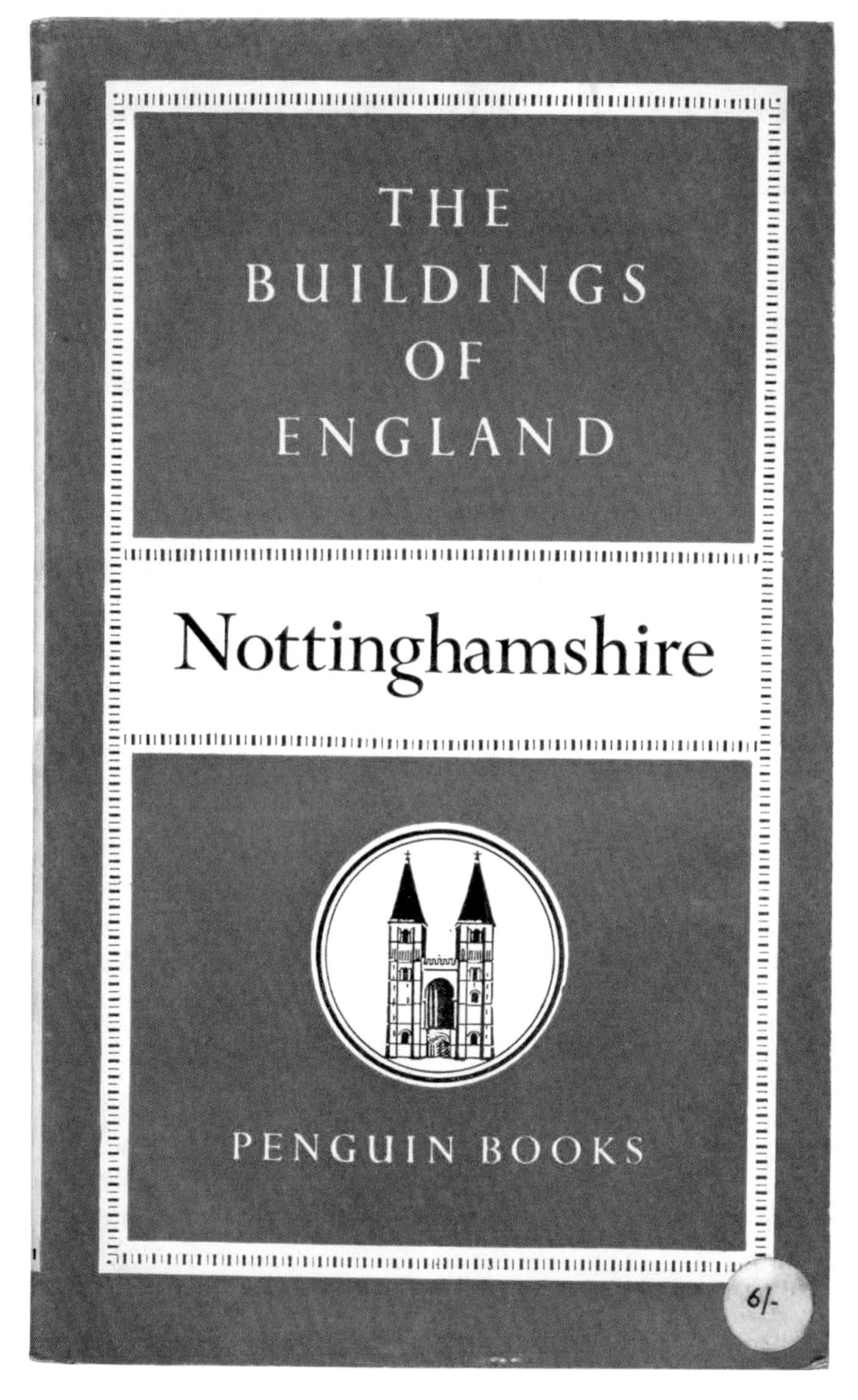

“英格兰建筑”，1951

尼古拉斯·佩夫斯纳在战前曾经向几家出版社建议出版一套建筑指南，可惜没有被采纳。战争期间他加入企鹅，继续向艾伦·莱恩建议，最终“建筑指南”系列和“鹈鹕艺术史”系列均获得批准。

佩夫斯纳亲自去每个郡县时，会带上研究人员已经提前准备了至少一年的资料。每天晚上，他会把自己的意见加注在资料上，让整个工作保持最新进展。这项不平凡的工作历时 23 年，在众多合作者的帮助下才完成。尽管好评如潮，但早在 1954 年，该系列就已经难以赢利，要想继续出版必须有赞助。佩夫斯纳放弃了版税，利弗休姆信托基金会（Leverhulme Trust）对该系列的最终完成提供了很大的帮助。英国联合公司电视台和亚瑟·健力士公司（Arthur Guinness & Sons Ltd）也提供了小型赞助。

该系列的外观是新古典主义风格，与“企鹅经典”系列（本书 61 页）相似，字体依然是埃里克·吉尔的 Perpetua，基于书中一幅照片而制成的大圆章也是亮点之一。

该系列第一批是平装版，1952 年增加了设计一模一样的护封，同年还出现了精装版。精装版的护封有所不同，刚开始还有大圆章，从 1953 年起则变成了绿色背景上一幅剪切过的黑白照片。

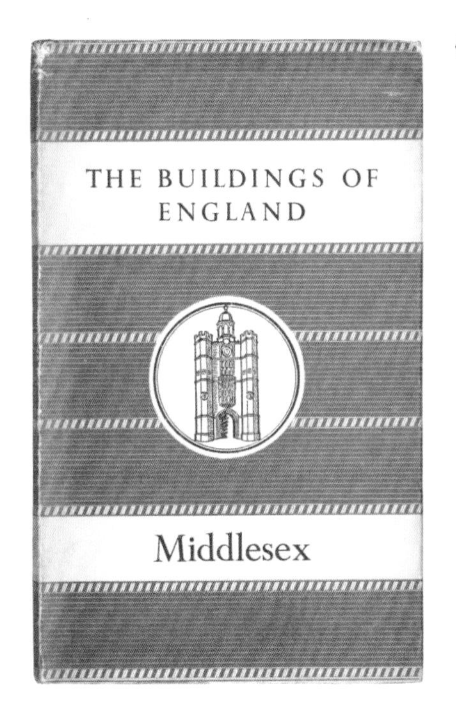

《米德尔塞克斯郡》（护封），1951 年

《诺森伯兰郡》（护封），1957 年

《企鹅针织大全》，1957 年
封面设计：希瑟・斯坦德林

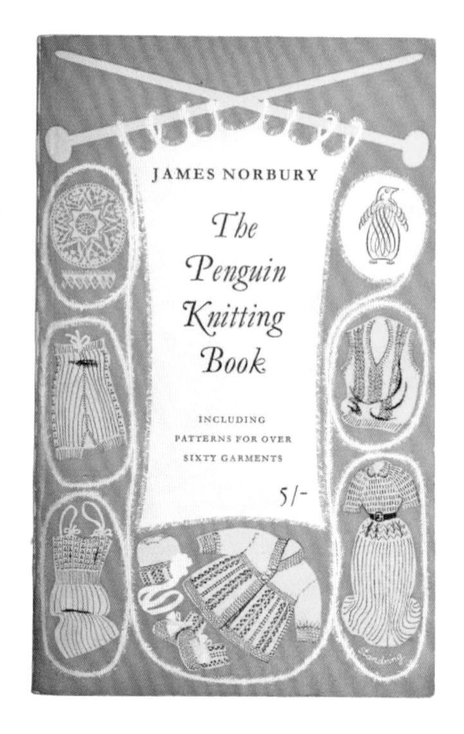

“手册”，20 世纪中叶

“手册”系列最先于战时出版，题材也多跟军资动员有关，如《无核水果栽培》（*Soft Fruit Growing*）和《养兔》（*Rabbit Farming*）。“手册”最初是跟“特刊丛书”系列一起编号的，1943 年以后自成系列。

到 20 世纪 50 年代中期，汉斯・施穆勒已经为它们设计了非常醒目的封面，带插图的边框是一大特色。插图有时具象，有时抽象。这些标准设计中，字体排印使用了固定的模式，仅限于 Gill Sans 字体的常规和斜体。企鹅标识偶尔也会被发挥一下融入整体设计 [《国际象棋》（*The Game of Chess*）]。

有些特定的主题使用了许多更为醒目的插图。它们的封面除了包围中央“字体排印”区域的边框，设计标准中的每一个元素都是可以另做文章的。

《无核水果栽培》，1951 年

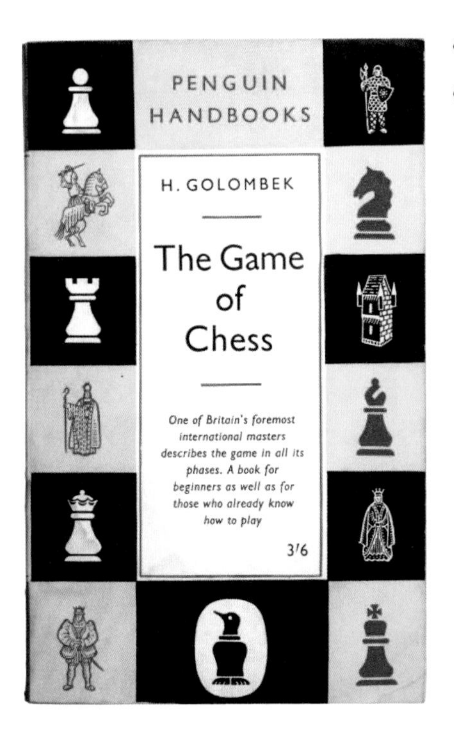

《绘画入门》，1954 年

《国际象棋》，1959 年

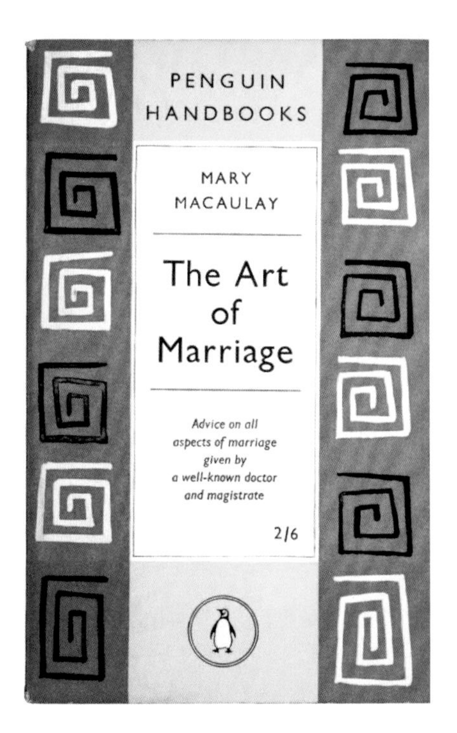

《婚姻的艺术》，1957 年

《每日一菜》，1958 年
封面插图：戴维·金特尔曼

《斯塔福德郡的陶器动物》，1953 年
封面设计：佩吉·杰里米

汉斯·施穆勒执掌的“国王企鹅”

1939 年首次面市的“国王企鹅”系列，是一套供收藏的小精装，题材广泛（本书 22—23 页）。汉斯·施穆勒在 20 世纪 50 年代任该系列的艺术总监。一如往常，这些封面并没有按照某个特定模式设计，更多是由仔细遴选的能够很好地反映主题的字体排印，插图或照片构成了套系风格。

施穆勒在整体把控全系列的同时，也亲自设计了几本书的封面，有正式又很怀旧的《约翰·斯皮德的英格兰和威尔士图集》（*John Speed's Atlas of England and Wales*），也有现代感很强的《帕特农神庙的雕塑》（*The Sculpture of the Parthenon*）。

对页：
《约翰·斯皮德的英格兰和威尔士图集》，1953 年

《帕特农神庙的雕塑》，1959 年

《埃克塞特大教堂的中世纪雕刻》，1953 年

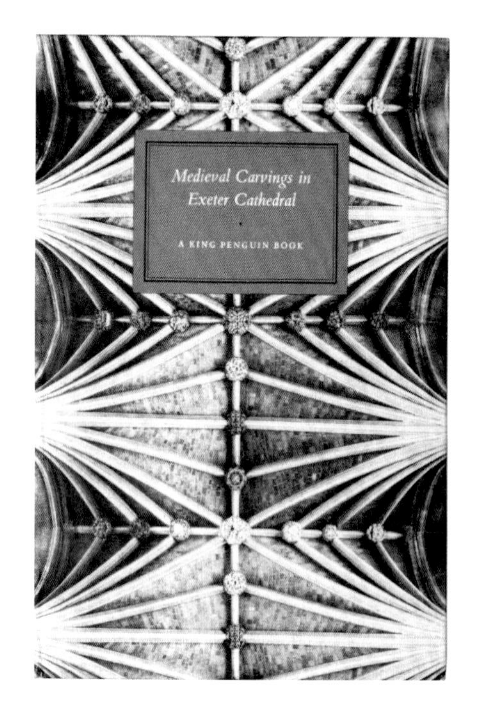

对页：
《阿克曼的剑桥》，1951 年
封面设计：威廉·格瑞蒙德

《半宝石》，1952 年
封面设计：亚瑟·史密斯

JOHN SPEED'S ATLAS OF
England & Wales
The German Ocean
The Irish Sea
A KING PENGUIN BOOK

A KING PENGUIN BOOK
THE
SCULPTURE
OF THE
PARTHENON

ACKERMANN'S
Cambridge
A King Penguin Book

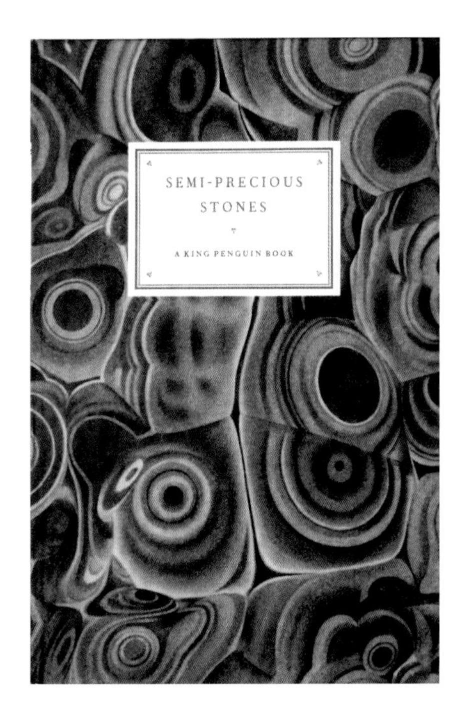
SEMI-PRECIOUS
STONES
A KING PENGUIN BOOK

BOOKS

PENGUIN BOOKS

J. B. PRIESTLEY

Angel Pavement

FICTION

FICTION

J. B. Priestley Angel Pavement

FICTION

FICTION

FICTION

127

· 1/6 ·

垂直网格，1951

“版画经典”系列的封面（本书 24—25 页）可以被视为垂直网格的前身，早在 1948 年就以水平网格的形式出现在图书护封上。据布里斯托尔的企鹅档案馆粗略记载，该垂直网格大致是奇肖尔德最终完善了爱德华·扬的水平网格之后几个月内设计出来的。该网格最初由奇肖尔德和他的助手埃里克·埃尔加德·弗雷德里克森设计，经过几次改良，最终由汉斯·施穆勒定稿。此设计的三段分割和颜色都延续了企鹅图书早期的设计标准，中央区域最常放置的是简单的线条画，但是也可以同时放置一段书评或宣传语。垂直网格封面的第一本书直到 1952 年才出版［《沁孤戏剧选》（*Synge's Collected Plays*）］。

除了少数几个例外，如爱德华·扬所著的《我们的一艘潜艇》（本书 55 页），小说类图书开始采用垂直网格，但是犯罪小说类图书，在 1962 年之前依旧沿用水平网格，除了盖姆斯系列（本书 82—85 页）。

对页和左侧：
扬·奇肖尔德试验性设计，1948 年（埃里克·埃尔加德·弗雷德里克森协助）

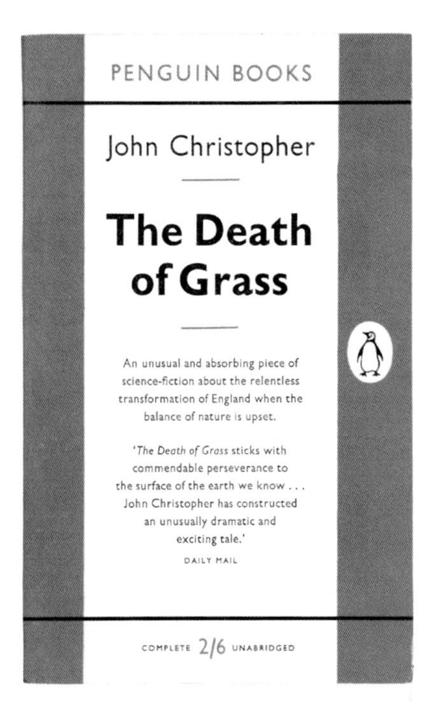

《青草枯尽》，1958 年

《希腊神话》卷 I，1955 年

垂直网格：作者识别

这个 10 年，企鹅图书的封面上出现了其他字体，目的是给一些特别的作者以有限的专属识别。

Corvinus 字体［伊姆雷·赖纳（Imre Reiner）在 1929 年到 1934 年间设计］从 1951 年开始用于奥尔德斯·赫胥黎作品的封面上，它也是 Gill Sans 字体之外第一个被用在企鹅小说封面上的新字体。

其他作者则有字母组合或其他标识的设计。最奢侈的是 D.H. 劳伦斯（D. H. Lawrence）的凤凰和火焰。企鹅曾因出版未删节的《查泰莱夫人的情人》而遭诉讼，1960 年在英国高等法院被判无罪后，该设计成了最著名的作者标识，此书也狂销了 300 万册。

《除非我死了》，1955 年

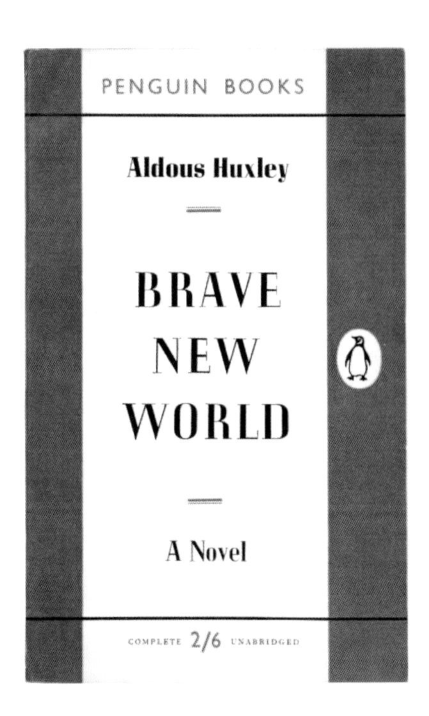

《美丽新世界》，1955 年

《查泰莱夫人的情人》，1960 年
【凤凰由斯蒂芬·拉斯重新绘制】

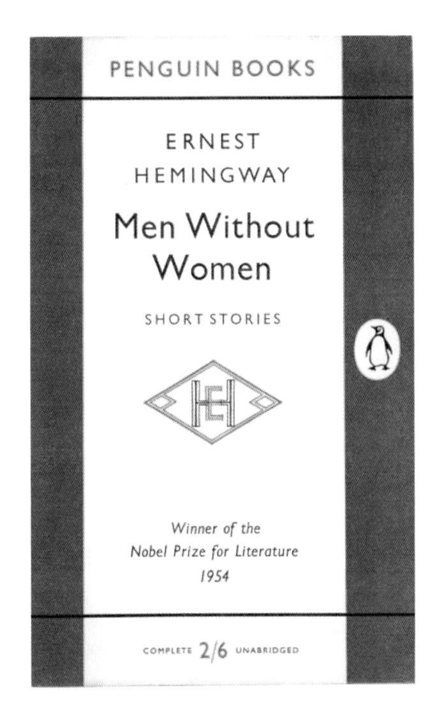

《没有女人的男人》，1955 年

《亚瑟·奎勒-库奇短篇小说选》，
1957 年

垂直网格：插图整合

《新人》，1959 年
封面插图：埃尔温·法比安

垂直网格的设计初衷本来是服务于简单的封面插图，使用效果也很好。可后来的插图越来越大，逐渐也被允许超出两侧的橘色边界。

最初的设计凸显单色插图，此后这些封面逐步发展，渐渐远离了艾伦·莱恩曾经奉为圣旨、统治企鹅多年的设计标准。本书 78—80 页展示了这些规则的变化。

增加图像自由度的第一步是小心翼翼越过边界［《睡衣游戏》（*The Pajama Game*）］。另一个增加多样性的努力是插图和文字以某种方式整合［《时间的种子》（*The Seeds of Time*）和《阴云》（*The Black Cloud*）］。

面对商业压力，出版社尽一切可能利用起电影院和电视台的优势。它们经常把影视剧照印在封面上。受垂直网格的限制，这种整合有时差强人意［《蒂凡尼的早餐》（*Breakfast at Tiffany's*）］，有时很难实现［《竞争者》（*The Contenders*）］。不可避免地，最后有少量封面整版都是图像［《无情海》（*The Cruel Sea*）］。

《埃德蒙·坎皮恩》，1957 年
封面插图：德里克·哈里斯

《睡衣游戏》，1958 年
封面插图：彼得·阿诺

《冒充者》，1956 年

《时间的种子》，1963 年
封面绘图：约翰·格里菲思

《阴云》，1960 年
封面设计：约翰·格里菲思

《企鹅科幻小说》，1961 年
封面插图：布赖恩·基奥

《竞争者》，1962 年
封面照片：无线时光赫尔顿图片库

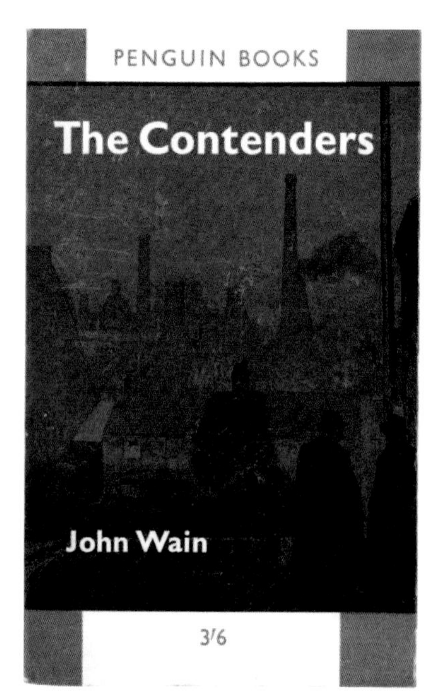

《蒂凡尼的早餐》，1961 年
【封面是奥黛丽·赫本在布莱克·爱德华影片《蒂凡尼的早餐》的剧照】

《乱点鸳鸯谱》，1961 年
玛丽莲·梦露、克拉克·盖博和蒙哥马利·克利夫特，选自联美发行的七艺影业公司的剧照

THE CRUEL
SEA
Nicholas Monsarrat
COMPLETE AND UNABRIDGED
3/6

《无情海》，1956 年

《大逃亡》，1957 年
封面插图：亚伯兰·盖姆斯

《大场面》，1958 年
封面插图：戴维·卡普兰

亚伯兰·盖姆斯的封面试验，1957—1958

面对日益激烈的竞争，企鹅进行了一项试验，旨在了解全彩封面对销售会有怎样的影响。汉斯·施穆勒邀请亚伯兰·盖姆斯做这个项目的艺术总监。

盖姆斯设计了一个简单的网格：上部高 1.25 英寸（3.175 厘米）的区域放置作者名、书名和企鹅标识；下部空白区域放置插图。出版商的名字在封面最下端，套印或反白印在插图上，字体是 Gill Sans 常规和粗黑体。企鹅标识位于一个色块之中，小说用橘色，犯罪小说用绿色，非小说用品红。

盖姆斯需要请其他插画师来为封面配图。在整个项目持续期间，共有 9 位插画师参与。让盖姆斯失望的是，公司并未对该系列的封面做任何营销，以至于有的读者甚至认为它们是假冒的企鹅图书。还没出到 30 本，艾伦·莱恩就停止了这个试验，因为销售的增长跟全彩印刷额外增加的成本不成正比。

《天空中的火焰》，1958 年
封面插图：亚伯兰·盖姆斯

《藏地之旅》，1957 年
封面插图：斯坦利·戈德塞尔

《塔潘的驴子》，1958 年
封面插图：丹尼斯·贝利

《塞拉斯叔叔》，1958 年
【封面插图：爱德华·阿尔迪佐内】

《马鞭之歌》，1957 年
封面插图：亚伯兰·盖姆斯

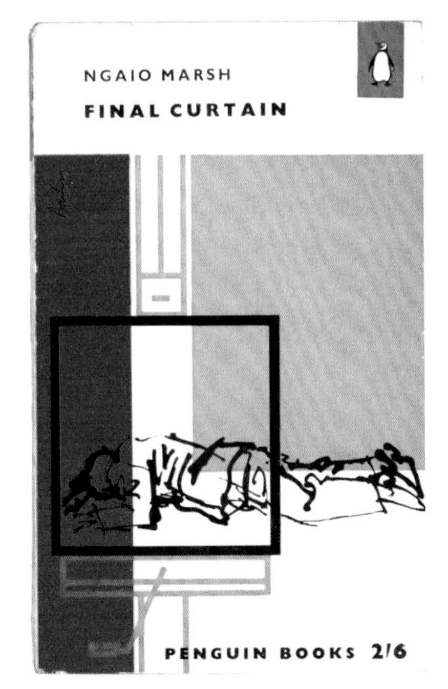

《溺鸭案件》，1957 年
封面插图：汉斯·昂格尔

《最后的帷幕》，1958 年
封面插图：丹尼斯·贝利

《受蛊的丈夫》，1957 年
封面插图：戴维·卡普兰

《烟中之虎》，1957 年
封面插图：戴维·卡普兰

《尼因斯基》，1960年
封面上的尼因斯基绘画选自让·科克托
1909年绘制的一幅海报

临时艺术总监约翰·柯蒂斯，1957—1959

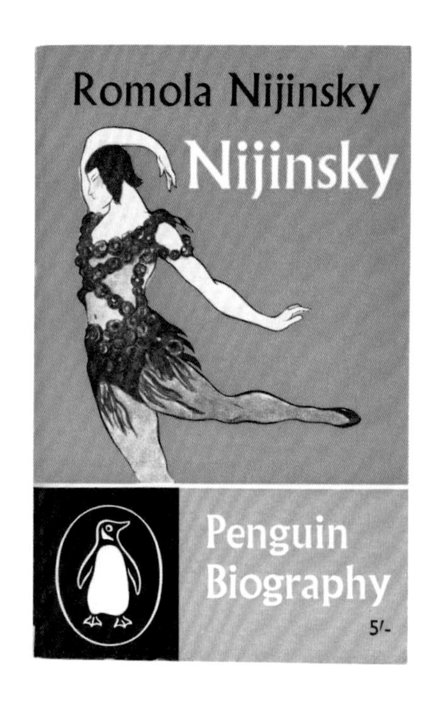

尽管盖姆斯的试验失败了，但是企鹅的封面还是一直在进化。约翰·柯蒂斯从1952年开始担任宣传经理，在1957年至1959年间担任临时艺术总监。

除了继续与既有的插画师合作，如戴维·金特尔曼（最初受汉斯·施穆勒之邀为企鹅设计插图），柯蒂斯还起用了年轻设计师来设计封面，如德里克·伯兹奥尔［后来创立了欧米尼菲克（Omnific）设计公司］，还有艾伦·弗莱彻、科林·福布斯（Colin Forbes）和鲍勃·吉尔（Bob Gill）［他们三人成立了弗莱彻&福布斯&吉尔（Fletcher/Forbes/Gill）设计联盟，后来变成五角（Pentagram）设计联盟］。

一些特定的书，如“传记”系列，柯蒂斯敢于打破网格和边框的设计统治，让设计元素更加自如地出现在封面上。还有一套给年轻读者的绘本系列，一度计划命名为“鹈鹕绘本”（Picture Pelicans），他为其设计的封面更大胆，使用了强烈的白色和粗体字来配合插图。

《狄亚格烈夫芭蕾舞团，1909—1929》，1960年
封面插图：选自让·科克托的绘画

柯蒂斯的艺术导向在“鹈鹕”系列上体现得最为明显，子品牌的名字和标识被缩减至封面最下方的一个区域中，颜色搭配根据每一本书重新设计。这些封面插图的印刷方式——套印、反白，乃至封面用纸本身都使用了当时最先进的印刷工艺。这也是企鹅图书的字体排印有史以来首次强调艺术表现力和引发读者的联想，而不仅仅是易读和漂亮。

对页：
《人造卫星》，1960年
封面设计：约翰·格里菲思

ARTIFICIAL SATELLITES

A picture guide to rockets, satellites, and space probes

MICHAEL W. OVENDEN

A Penguin Book 5s

《应用地理》，1961 年
封面设计：朱丽叶・雷尼

《考古学》，1961 年
封面设计：布鲁斯・罗伯逊

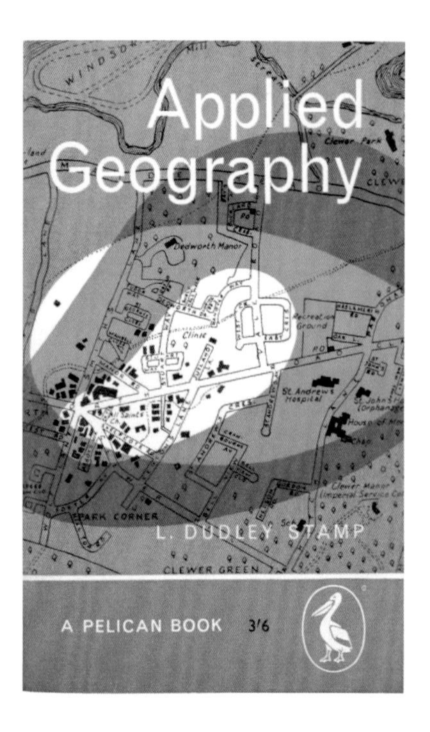

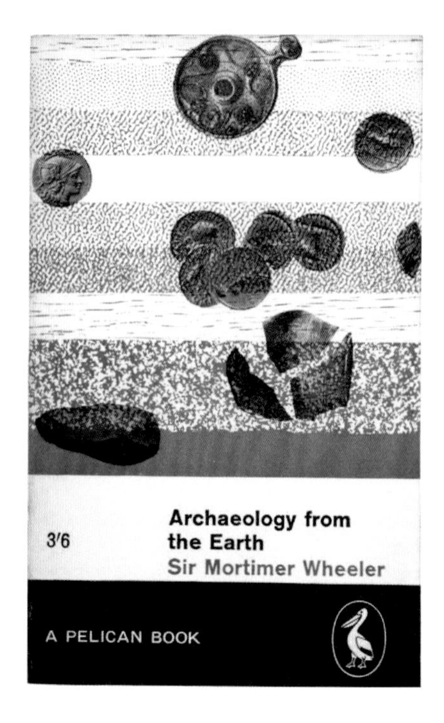

《地质和风景》，1961 年
封面设计：肯尼思・罗兰

《工业社会心理学》，1962 年
封面设计：德里克・伯兹奥尔

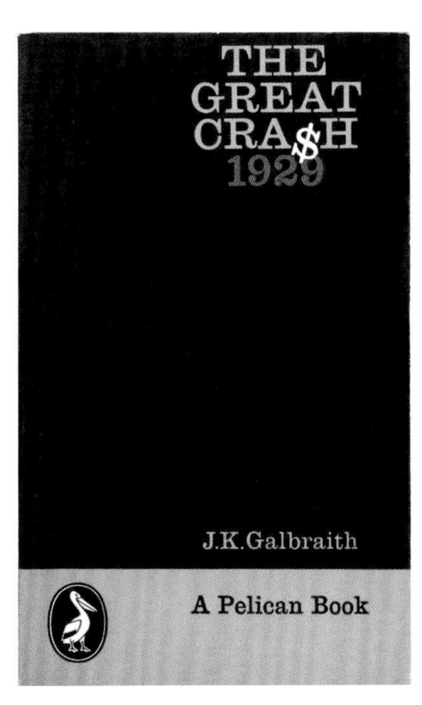

《伦理学》，1961 年
封面设计：罗宾・菲奥尔

《1929 年股市崩盘》，1971 年
封面设计：德里克・伯兹奥尔

《射电天文学》，1960 年

《艺术的真谛》，1961 年
封面设计：赫伯特・斯宾塞

下图：《溺鸭案件》（*The Case of the Drowning Duck*, 1966 年版，本书 132 页）和《古怪的新娘》（*The Case of the Curious Bride*，1966 年版）封面艺术作品合成图，均由詹内托·科波拉（Giannetto Coppola）创作。

III. 艺术导向和平面设计，1960—1970

Ⅲ. 艺术导向和平面设计，1960—1970

企鹅 25 周年纪念的出版物《企鹅的发展：1935—1960》（*Penguin's Progress, 1935—1960*）抓住了公司的转折点，一边叙述公司的日常活动，一边回顾历史，基本上都是反思，几乎不带任何前瞻性。1947 年到 1959 年，企鹅基本是以提高标准和维护统一性为中心，而后面 10 年却几乎全部以改变为主。如何应对市场日趋激烈的竞争，公司内部意见发生了改变，而且有些变化影响了公司本身的状态。

奥韦和道森设计的建筑

1961 年 4 月 20 日，企鹅在伦敦证券交易所上市[1]。艾伦·莱恩还是公司董事会主席和董事总经理，不过他对公司的管理在这一时期——也是他人生的最后 10 年——时断时续。他非常重视公司库房的扩建，为此公司聘请了顶级设计师奥韦·阿勒普（Ove Arup）和菲利普·道森（Philip Dowson）。该项目 1964 年动工，是当时几个原址扩建项目中的第一个。2004 年该库房被关停（见第五章），后来重新规划。

《欧洲建筑概况》，1961 年
封面设计：欧根·奥施波雷尔，慕尼黑（255mm × 220mm）

这 10 年中一直没变的是高质量的企鹅内文版式，始终由 1960 年被升为总监的汉斯·施穆勒领导。他工作方式传统（且是全世界最好的），跳出了奇肖尔德的影响，品质高又有敏感度的设计为他赢得了广泛的尊重。他修改了《企鹅排版规则》，影响了所有跟企鹅合作的印刷厂，同时也毫无疑问地影响了整个行业的字体排印水平。对很多人来说，最能体现他对复杂文字变化炉火纯青的把控能力的例子是单卷本的“鹈鹕莎士比亚”——1969 年艾伦·莱恩企鹅出版社（Allen Lane The Penguin Press）和鹈鹕的合作版。

20 世纪 60 年代排版方式有了彻底改变，铸字排版和凸版印刷（油墨透印严重）最终被各种各样的照排系统和胶版印刷所取代。凸版印刷时，带插图的书一般都印在两种纸上，文字和图片不在一起。“鹈鹕艺术史”系列就是这种印刷方式的代表。不过，1960 年由普雷斯特尔出版社（Prestel Verlag）设计、德国印刷的尼古拉斯·佩夫斯纳所著企鹅豪华周年纪念版《欧洲建筑概况》是个例外。

计算机排版和胶版印刷使成本大幅下降，同时，由于文字和图片可以很容易地印在同一种纸上，二者的结合也越来越容易，成本效益也更高。像杰里·辛纳蒙（Jerry Cinamon）这些设计师最开始是被请来做“鹈鹕”系列的封面设计的，但是在施穆勒手下开始做内文版式。辛纳蒙 1965 年入职，1966 年公司即委派他重新设计 A5 开本平装版“鹈鹕艺术史”系列的封面。后来他还

1. 理查德·莱恩在 1961 年 3 月把名下股份转给艾伦·莱恩。艾伦成为公司最大股东。

设计了“风格和文明”系列和鹈鹕建筑类图书的封面等。

如果说20世纪60年代施穆勒和内文版式设计师代表了传承，那么托尼·戈德温（Tony Godwin）代表的则是改变。托尼·戈德温最初是在1960年5月由艾伦·莱恩作为编辑顾问招聘进来的，之前曾是更好书店（Better Books）、邦珀斯书店（Bumpus）和城市书店（City Bookshop）雄辩机智的经理。入职不久，他就担任小说编辑，然后担任主编。戈德温是有着广泛兴趣的严苛编辑，同时也带给公司对终端零售的深度了解。从选题角度来说，他觉得企鹅跟其他平装书出版社一样，过度依赖60年前的作品，必须实施新的编辑政策，培养新作者和崭露头角的怀才之人。关于卖书，他意识到公司如果想跟上平面设计的发展，就需要不同于汉斯·施穆勒或约翰·柯蒂斯的设计师，而且新设计必须放到改善公司形象的综合规则里，不能单独发布。

托尼·戈德温

2. 摘自杰里米·安斯利（Jeremy Aynsley）和劳埃德·琼斯（Lloyed Jones）的《企鹅五十年》，1985年，第121页。

早在1957年亚伯兰·盖姆斯的全彩封面试验出现时，彼时还不是企鹅员工的戈德温就批评那些封面“过分华丽”[2]。到企鹅后，戈德温希望封面更加市场化。他让年轻一代的设计师杰尔马诺·法切蒂坐到了全职封面艺术总监的位子上，后者的设计以形象见长，而非文字。

杰尔马诺·法切蒂

1961年1月正式开始在企鹅工作的法切蒂生于1926年，曾在意大利米兰为BBPR（Banfi, Belgiojoso, Peressutti & Rogers）建筑事务所工作，1950年首次来到英国。在英国期间，他参加了埃德·怀特（Ed Wright）在中央艺术与设计学校开设的字体排印夜校课程，与西奥·克罗斯比（Theo Crosby）和埃德·怀特一起设计了伦敦白教堂美术馆（Whitechapel Art Gallery）“这就是明天”展览（1956年）的入口，还为拉思伯恩出版社（Rathbone）设计了“整体书”（integrated books）。他随后去了巴黎，在Snip广告公司市场部做室内设计师，同时还参与创建了斯纳克国际图片库（Snark International Picture Library）。

法切蒂发现，企鹅有许多类别的图书外观完全不相干，企鹅标识差不多成了唯一能体现统一性的元素。毫无疑问，造成该现象的一部分原因是企鹅已经发展得很强大了，每个月要推出70种新书和再版书，而每一种都要有一个耳目一新的封面。法切蒂的工作就是让它们既保持统一性又有现代感。

法切蒂使用了企鹅的传统颜色来重申公司特性、强化图片效果和保持与过去的关联，但是他带来的最根本的冲击是通过更清晰地使用插图、拼贴和照片来改变封面。综合修正的首个系列是1961年的绿色“犯罪小说”（本书100—101页）。3位设计师——布赖恩·休厄尔（Brian Sewell）、德里克·伯

罗梅克·马伯

3. 选自斯宾塞的《企鹅封面：纠正》,《版式设计》第6期,1962年12月，第62页。

兹奥尔和罗梅克·马伯（Romek Marber，之前并未给企鹅做过设计）——收到邀请提交设计方案，最后马伯的设计被采用了。与最初要求的设计稿一起提交的还有马伯的两页手写稿，是对现有（三段彩条）设计的分析和他自己的想法。我们觉得在此大段引用他的原文非常有必要：一是因为思路清晰，二是它背后所显现的合理方案印证了法切蒂后来在企鹅的许多工作。

·现有封面（冲击力和效率）

现有恒定不变的字体排印封面在当今的平装书出版市场完全不能让人们激动或吸引他们的注意力。企鹅犯罪小说每年要出那么多新书，要想从封面区分已经买过的和新出版的实在太难了。

·新封面（冲击力和效率）

…… 字体排印保持不变，即使有变化也只是书名长短不同。这样的安排，以及书名和作者名的颜色变化，会帮助公众轻松识别无论是书名还是作者名，而这恰恰会引起他们的兴趣。

形象设计——可以是绘画、拼贴或照片——会暗示每本书的内容。大众对于具有动感的图片的认知尤其为犯罪小说系列带来了更逼真的效果。形象设计的清晰简明会强调封面之间的不同，很容易就能让人记住，等这些书成规模摆放时也会有累积效应。

为了保持企鹅特性，所有这些正式元素都被装进一个“网格”中。这个网格将构成所有犯罪小说封面的基础框架，也会减少印制时出现的问题。[3]

法切蒂一眼就看出这个网格的优点。马伯拿到了一年设计20本“犯罪小说”封面的合约，理查德·霍利斯（Richard Hollis）、伯兹奥尔、布鲁斯·罗伯逊（Bruce Robertson）、埃德温·泰勒（Edwin Taylor）和F. H. K. 亨里翁（F. H. K. Henrion）也参与了设计。该网格后来被法切蒂用到了小说和“鹈鹕”系列上，最后又被用到了“现代经典”系列的封面上。其他系列的封面也是该网格的变体。

法切蒂重新设计的“企鹅经典”封面（本书120—121页），用了一个类似的水平分割。该系列从1946年推出后一直非常成功。其最初的卖点是让更多读者可以低价买到伟大作品的现代英译版，随后被收进高校阅读书单则证明了该系列的学术价值。但是将近20年过去，它们的面貌已经过时了。在法切蒂手里，它们有了图片，同时与其他封面一样有了无衬线字体。

同样在这段时间，“特刊丛书”也重新焕发出活力，主题紧贴社会热点：是否要加入欧洲共同市场（Common Market，“欧盟”的旧称）、太空探索，以及交通和社会问题（本书108—111页）。虽然封面是非常直接和富于表达性的图片，但是一致的无衬线字体、白色背景上的红黑色块和空间的巧妙使用都表明该系列是企鹅新风貌的一部分。

艾伦·奥尔德里奇

法切蒂的设计能够取得成功，一部分要归功于他对其他设计师的选择。上文提到的所有设计师都比法切蒂年轻一些，他们的职业生涯刚刚开始，而且起点都很类似，大致可以说是非教条主义和灵活处理的现代主义。这种观点上的一致性保证了很多系列设计的连续性，只有细微之处稍有不同。

几年后，托尼·戈德温认为新的小说封面没有达到预期的成功，于是决定设立单独的小说艺术编辑。他第一感觉是请一位知名的美国设计师，如米尔顿·格拉泽（Milton Glaser）。但是有一天几杯酒下肚后，艾伦·奥尔德里奇（Alan Aldridge）毛遂自荐当艺术总监，并且成功了。1965年3月，他正式上任，负责“犯罪小说”和“科幻小说”，但是不包括“现代经典”和“英国文库”。他的办公室也不在哈芒斯沃斯，而是跟编辑们一起在伦敦霍尔本的约翰街。

奥尔德里奇起先是插画师。他参加了鲍勃·吉尔和卢·克莱因（Lou Klein）在康迪街（Conduit Street）开办的平面设计培训班，法切蒂偶尔也会找他做一些兼职，他也在《星期日泰晤士报》（*Sunday Times*）工作过。与法切蒂对封面的看法有很大不同，他认为封面要想尽一切办法吸引眼球。他的设计受漫画、新艺术（Art Nouveau）和流行艺术影响，还常常使用照片。他创作了《企鹅漫画》[*The Penguin Book of Comics*，1967年，与乔治·佩里（George Perry）合著]和《蝴蝶舞会与草蜢盛宴》[*The Butterfly Ball and the Grasshopper's Feast*，1973年，与威廉·普洛美尔（William Plomer）合著]。

戈德温和其他编辑简单提出要求之后，奥尔德里奇把整个封面空间全部交给了他聘用的设计师们。照片、手写字体、装饰性字体和混合画都被用上了，唯一不变的是角落里大大的企鹅标识。封面完全摈弃了20世纪50年代被大家喜爱的叙事性插图，而且与法切蒂推崇的参照版大相径庭——书名变得比出版社更重要。最后，成功与否完全取决于单个设计师。最好的，封面夺人眼球并让人深思；最差的，你关注设计师比关注书或作者还要多。

艾伦·奥尔德里奇的封面设计为他带来了数量均等的粉丝和敌人，后者中不乏许多经销商和作者。艾伦·莱恩原本就对托尼·戈德温有所不满，他们的批评无异于火上浇油。分歧演变成了冷战，而不是公开的冲突；艾

《企鹅漫画》，1967 年
封面插图：鲍勃·史密瑟斯

4. 这个名字故意模仿了“叔叔约翰”的公司——约翰·莱恩鲍利海出版社（John Lane The Bodley Head），而且巧合的是那会儿莱恩刚好得到了维果街的办公室，那是他在鲍利海出版社开始职业生涯的地方。

伦·莱恩害怕“政变”，而戈德温也觉得自己多少有点自不量力。他们之间的摩擦还有一个原因，就是企鹅新的精装书子品牌艾伦·莱恩企鹅出版社[4]平淡无奇的亮相。留给戈德温的准备时间太少，而且由于设计太规范，编辑政策也花了一段时间才确立下来。

西内（Siné）的《屠杀》（*Massacre*）出版后，戈德温的麻烦到了顶点，一些经销商因内容太暴力色情（本书 136—137 页）而拒绝销售该书。董事会争论不休，直到艾伦·莱恩动用了他的权威，“经双方协商一致”，戈德温离职，时间是 1967 年 5 月。

戈德温走后，艾伦·奥尔德里奇也走了，于是小说类图书暂时没有了艺术总监。接下来的动荡期内，不管设计是什么样，所有图书封面都必须在顶部插入 36 磅 Optima 字体的 A PENGUIN BOOK（“一本企鹅书”），这真是重塑企鹅特性的无理取闹。维护稳定并重新找到方向急需新鲜血液。

1968 年 5 月，企鹅找到了新鲜血液。在编辑奥利弗·考尔德科特（Oliver Caldecott）的举荐下，戴维·佩勒姆（David Pelham）担任了小说艺术总监。在那之前，佩勒姆曾兼职为企鹅设计封面。佩勒姆的阐述让莱恩印象深刻，在他任期的前 6 个月，莱恩似乎重拾了对封面设计的兴趣，每个封面都要与佩勒姆面对面地讨论。

戴维·佩勒姆曾在伦敦中央圣马丁艺术学院学习，1958 年离开；加入企鹅之前，曾在《使者》（*Ambassador*）、《国际工作室》（*Studio International*）和《时尚芭莎》（*Harper's Bazaar*）工作过。与相当多的插画师、设计师和摄影师共事的经验使得佩勒姆作为艺术总监比奥尔德里奇成熟许多。佩勒姆觉得，要维持公司特性，他只需要最低限度的网格和统一的书脊以及封底的一些处理，还有封面上的一个角落里出现固定尺寸的企鹅标识。法切蒂找的是与自己观点相似的人，而佩勒姆却更包容，他使用的设计既有直观叙事性的，也有作者特性独立于内容之外的。从体裁上讲，这些设计包括拼贴画、绘画和美式风格的“复古”图片。

1969 年艾伦·莱恩进入出版行业 50 年，出版詹姆斯·乔伊斯的《尤利西斯》（本书 154—155 页）作为企鹅第 3000 本书以示庆祝。女王生日勋章（Queen's Birthday Honours）的荣誉勋位让人们对他在出版业的贡献有了更多了解。即使这样，莱恩还是越来越担心自己的身体和公司的延续。企鹅比其他任何竞争对手出版的书都要多，内容也更广泛，但它的营运资金还是不够，可能会成为潜在的收购目标。为了防止这种可能性，在被诊断出癌症之

戴维·佩勒姆

前，艾伦·莱恩就与朗文出版社（Longman）联系公司出售的事情，朗文是跟企鹅紧密合作多年的英国公司。在那期间，朗文被培生集团（Pearson）收购了。最后，企鹅以1 500万英镑出售给培生朗文，那一天是1970年8月21日，就在7月7日莱恩去世之后不久。

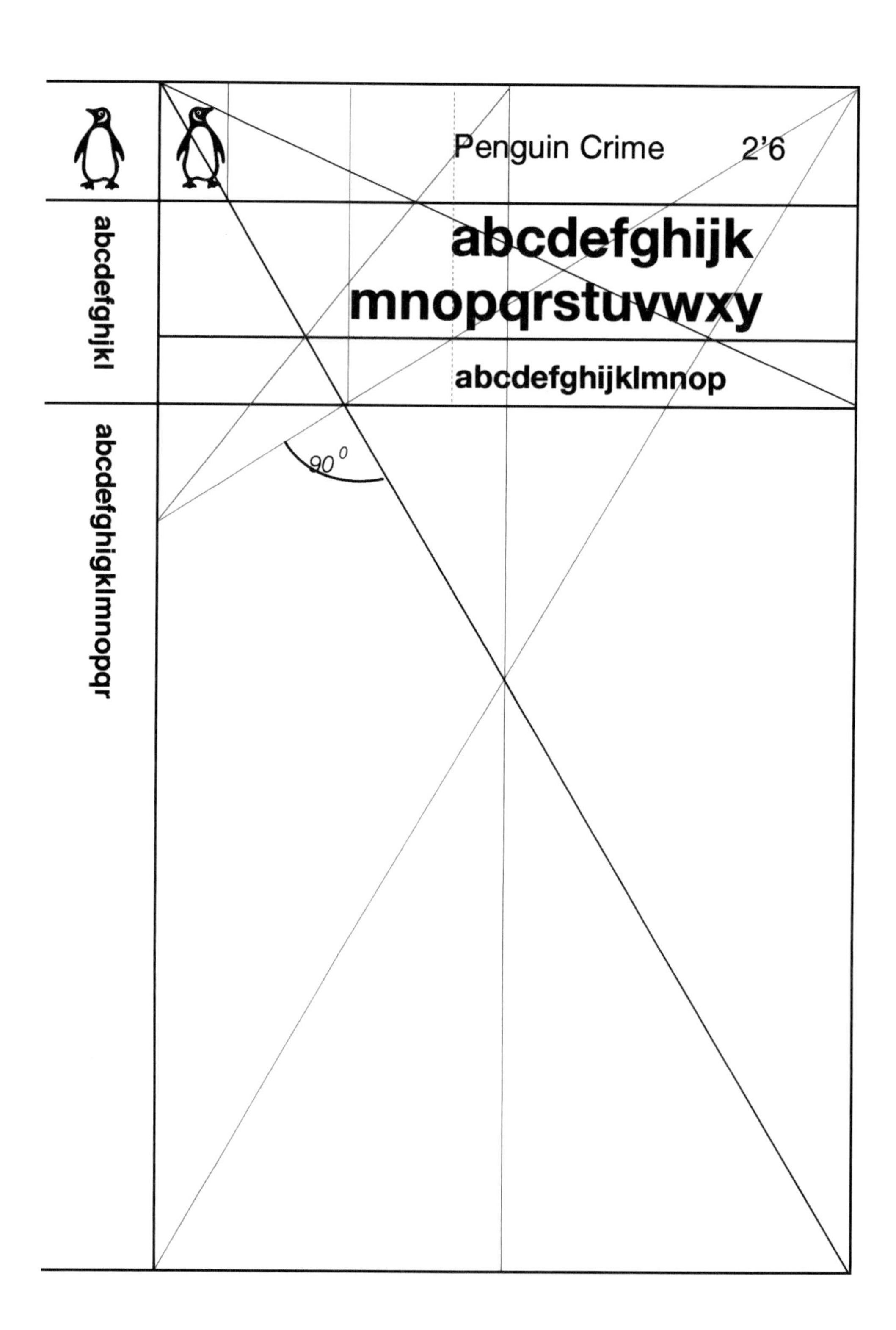
Penguin Crime
2'6
abcdefghijk
mnopqrstuvwxy
abcdefghijklmnop
90°
abcdefghjkl
abcdefghigklmnopqr

马伯网格，1961

对页：
马伯网格，1961

1961 年企鹅艺术总监杰尔马诺·法切蒂邀请 3 位设计师为“犯罪小说”系列的封面设计一种新网格，要求既可以留出空间放置插图或平面图像，又能够保持清晰和持续的字体排印。罗梅克·马伯的方案被最终选定。他为该系列设计了大约 70 个封面，法切蒂找的其他自由设计师设计了其余封面。

马伯保留绿色作为“犯罪小说”系列的代表色，但把绿色提亮不少。一系列横线将出版社名字和标识与书名和作者名分隔开。字体是 Intertype 常规（贝托尔德的 Akzidenz Grotesk 字体的一种），与瑞士平面设计风格关系紧密。马伯使用这种字体很久了，比起那时英国刚开始用的 Helvetica，马伯更喜欢 Intertype 的曲线和粗细。“犯罪小说”系列书名在使用大写字母上比其他系列更随意，甚至已经打破了当时的英美惯例。

封面下方区域内的图像常常是暗示性而不是写实性的，还有批评的声音认为有些图片太“黑暗”了。这些封面的一个特色是使用了反白和套印，最大限度地发挥出双色印刷优势。有一少部分封面使用了第三种颜色，通常是红色。

意识到马伯网格保持一个系列整体风格并为插图留出空间的能力，杰尔马诺还把它作为设计基础应用到小说和“鹈鹕”的封面上。

马伯网格用于小说封面时，只有图像很棒才能成功（本书 102—103 页），要是用前 10 年“垂直网格”上的图像就不灵了。

法切蒂邀请设计师而非常规插画师来制作“鹈鹕”系列封面（本书 104—107 页）。他们中有些是在约翰·柯蒂斯掌控封面设计的时代首次接到来自企鹅的邀约，那时候照片和其他类型的画作刚开始被用于封面。从平面设计角度来看，这些插图的品质与“犯罪小说”封面上的那些相比丝毫不差，更进一步验证了马伯最初设计的优势。

20 世纪 60 年代晚期，封面设计已不再需要严格遵守网格规则，不过设计师们都很用心，字体排印也保持高水准的统一性，因此该系列的整体性还是有的（本书 106—107 页）。这项规则在戴维·佩勒姆做艺术总监的下一个 10 年被很好地继承下来（本书 152—153 页和 164—171 页）。

《断崖》，1964 年
封面设计：杰尔马诺・法切蒂

《半醒的妻子》，1963 年
封面设计：罗梅克・马伯

《活煮》，1961 年
封面设计：罗梅克・马伯

《妙探奇案》，1964 年
封面设计：艾伦・奥尔德里奇

《甜蜜的危险》，1963 年
封面设计：罗梅克・马伯

《巴士司机的蜜月》，1963 年
封面设计：罗梅克・马伯

《犹大之窗》，1962 年
封面图片：约翰・休厄尔

《迈格雷探长向南行》，1963 年
封面设计：杰弗里・马丁

《看门人的猫》，1962 年
封面设计：罗梅克・马伯

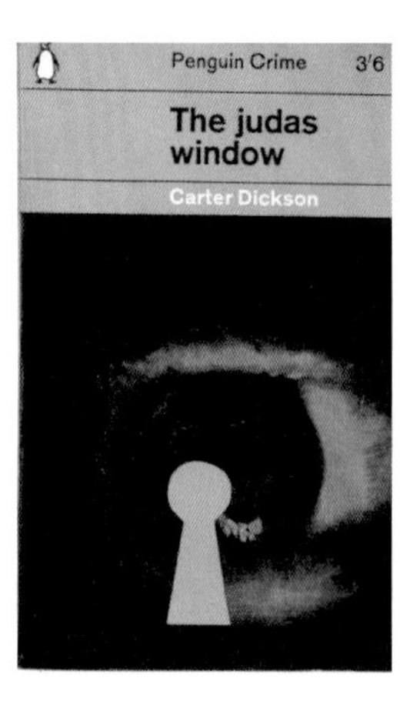

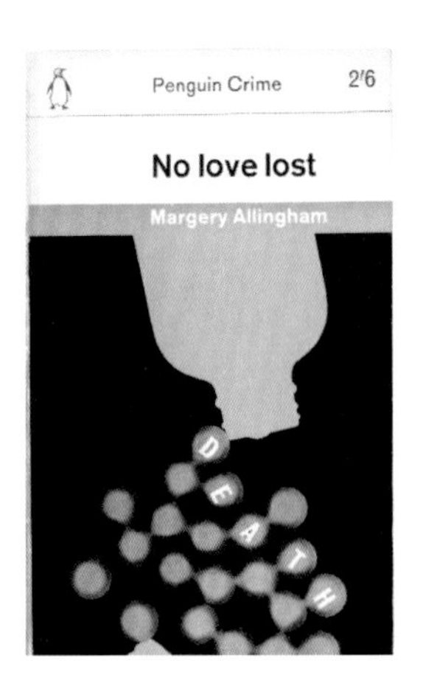

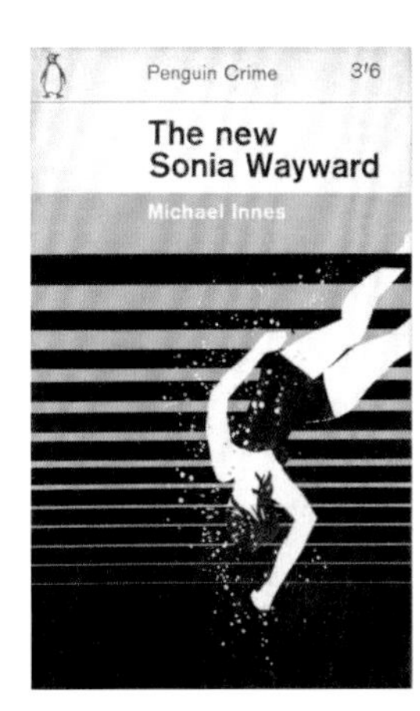

《危险的富孀》，1962 年
封面设计：罗梅克 · 马伯

《势不两立》，1961 年
封面设计：约翰 · 休厄尔

《新索尼娅》，1964 年
封面绘图：西德尼 · 金

《时间的女儿》，1961 年
封面设计：罗梅克 · 马伯

《丢失的船绳》，1962 年
封面设计：罗梅克 · 马伯

《文策斯劳斯之夜》，1964 年
封面照片：让- 吕克 · 布兰克

《二道幕》，1962 年
封面设计：罗梅克 · 马伯

《溺鸭案件》，1963 年
封面设计：乔治 · 德尔比

《钱和命》，1962 年
封面设计：乔治 · 梅休

《鳏夫》，1965 年
封面设计：利夫・阿尼斯达尔

《爱到尽头》，1962 年
封面设计：保罗・霍格思

《圣路易斯・雷伊大桥》，1963 年
封面设计：厄休拉・诺尔贝尔

《兔子，跑吧》，1964 年
封面绘图：米尔顿・格拉泽

《爱的隧道》，1964 年
封面设计：艾伦・奥尔德里奇

《脱衣舞娘》，1963 年
封面绘图：罗梅克・马伯

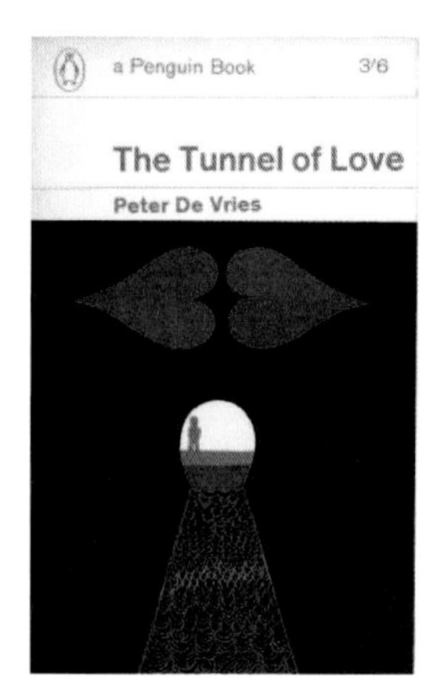

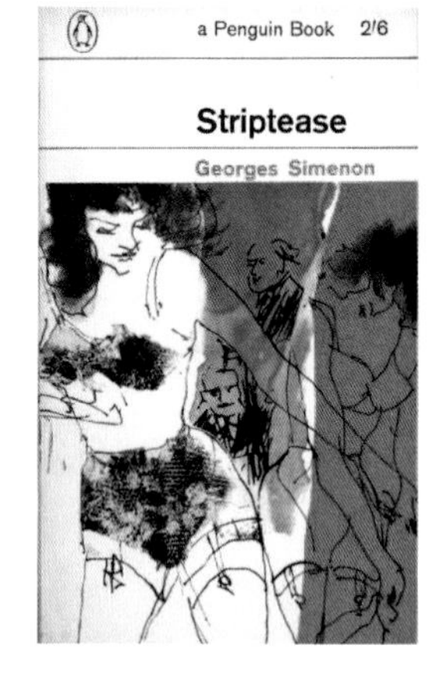

《卖枪》，1963 年
封面绘图：保罗・霍格思

《一九八四》，1962 年
封面设计：杰尔马诺・法切蒂

《吉姆爷》，1965 年
【封面图片：彼得・奥图尔在理查德・布鲁克斯电影《吉姆爷》中的剧照】

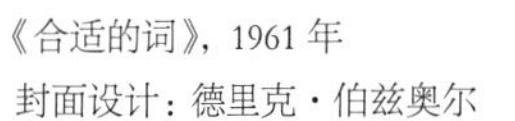

《合适的词》，1961 年
封面设计：德里克·伯兹奥尔

《停滞的社会》，1964 年
封面设计：杰尔马诺 · 法切蒂

《社会中的性》，1964 年
封面设计：乔克 · 金内尔

《哥特式复兴》，1964 年
封面图片：赫伯特 · 斯宾塞

《英国经济》，1965 年
封面设计：威洛克 & 海恩斯 &
奥尔德里奇

《赤裸的社会》，1964 年
封面设计：德里克・伯兹奥尔

《现代建筑》，1963 年
封面图片：美国芝加哥伊利诺伊理工大学建筑一角，由路德维希・密斯・凡德罗设计

《我们的语言》，1963 年
封面设计：罗梅克・马伯

《银》，1965 年
封面设计：布鲁斯・罗伯逊

《耶稣之死》，1962 年
封面设计：德里克·伯兹奥尔

《美国资本主义》，1970 年
封面设计：弗莱彻 & 福布斯 & 吉尔设计联盟

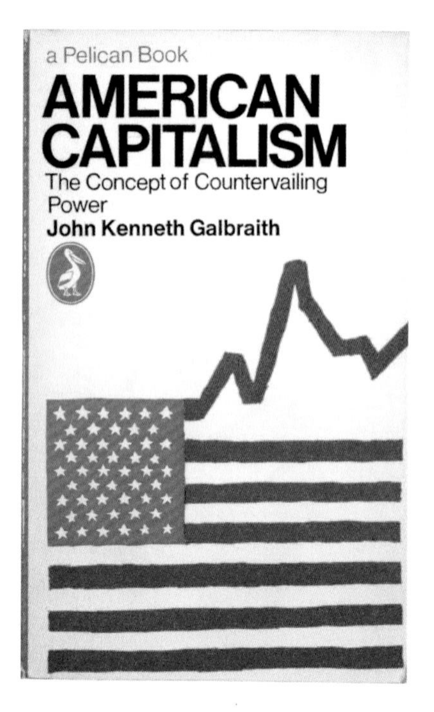

下图：《艺术与革命》，1969 年
封面设计：杰拉尔德·辛纳蒙

《暴力团伙》，1962 年
封面照片：克里斯托弗·巴克

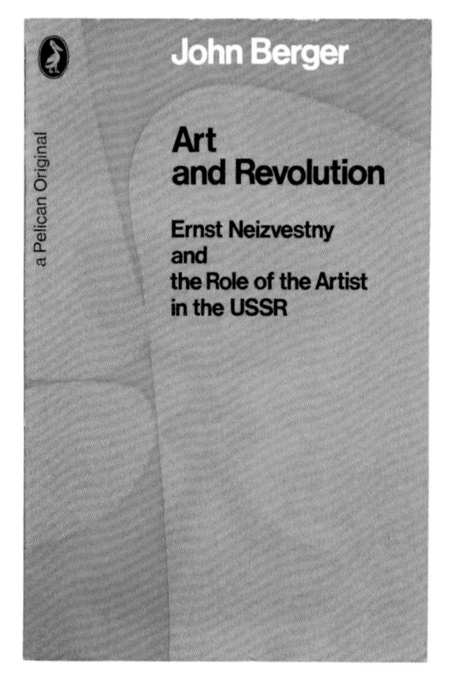

《全面战争世纪中的英国》，1970年
封面绘图：巴里·埃文斯

《这个世界会好吗？》，1961 年
【封面设计：理查德·霍利斯】

60 年代的“特刊丛书”

“特刊丛书”在 20 世纪 60 年代迎来了某种程度的复兴，这个系列的选题反映出人们日益增强的社会意识，并开始就棘手问题向政府发难。

最初的 5 年，红色是被强制要求使用的颜色，尽管有很多不同，红色还是使这些封面看起来是出自一个系列的。法切蒂监管下的这些封面，唯一的共通点是不对称排印无衬线字体，通常是 Helvetica 或 Grotesque 215/216。封面设计用时非常短，短至一周，而且经常使用库存的照片；跟同时期的“鹈鹕”一样使用套印，并积极使用白色区块；经常用另外一种颜色或字号突出显示某个单词来表现某个选题的紧迫感。

后 5 年的封面（本书 111 页）看起来不怎么像一个系列的。一个转折点是黑色被用作该系列的代表色，同时字体排印更常规（如一本书里没有字号或颜色的变化）。封面所用图片也趋于简单化，使用未经处理的库存照片或以做减法的方式用一张简单的图片表达“创意”。

《联盟怎么了？》，1961 年
封面设计：布鲁斯·罗伯逊

《迫害 1961》，1961 年
封面设计：杰尔马诺·法切蒂

《科学探案》，1963 年
封面设计：罗梅克·马伯

《关于吸烟的常识》，1963 年
封面设计：布鲁斯·罗伯逊

《六十年代的英国：明天的教育》，1962年
封面设计：理查德·霍利斯

《警察》，1964 年
封面设计：布鲁斯·罗伯逊
封面照片：楔石新闻社

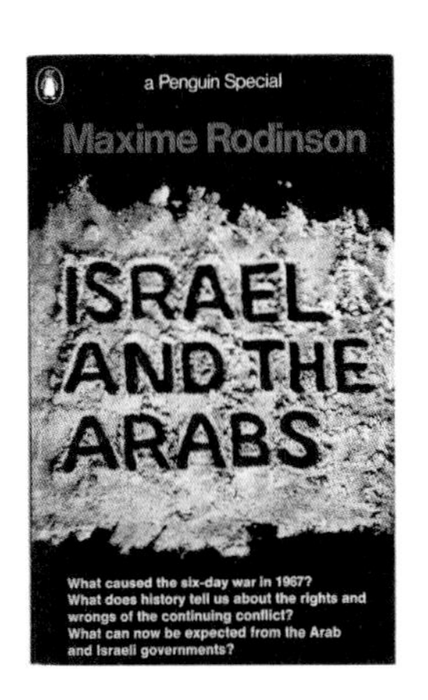

《过路费》，1967 年
封面设计：布赖恩・迈耶斯

《核灾难》，1964 年

《巴以冲突》，1968 年
封面设计：斯图尔特・弗拉纳根

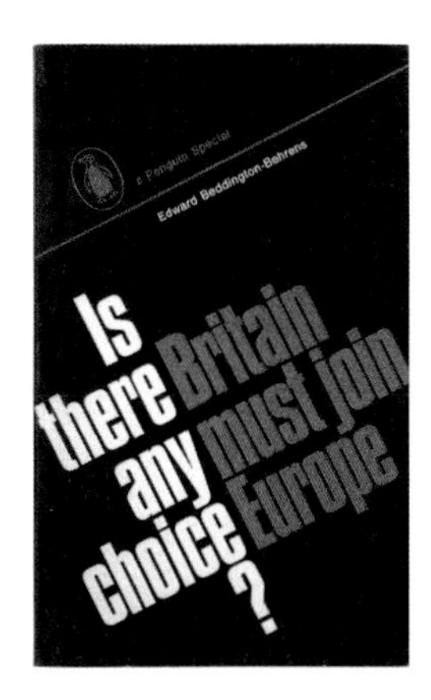

《共同市场之后》，1968 年
封面设计：罗伯特・霍林斯沃思

《药品》，1968 年
封面设计：亨宁・伯尔克

《别无选择，英国必须加入欧洲》，1966 年

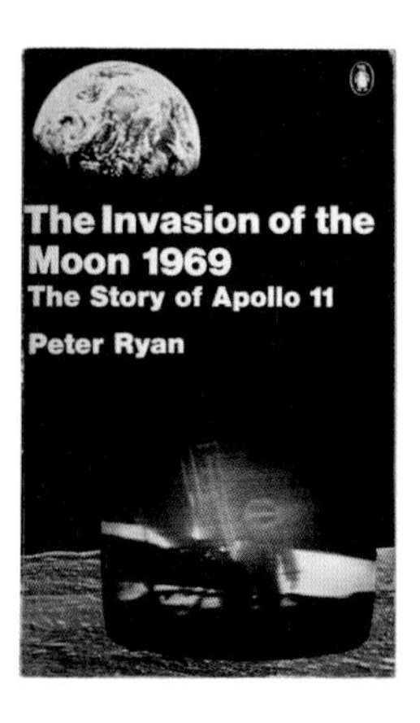

《分裂的阿尔斯特》，1970 年
封面图片：影像代理公司

《入侵月球 1969》，1969 年
感谢美国国家航空航天局提供封面图片

《论证和沟通：案例分析》，1970 年
封面设计：拉尔夫・斯特德曼
封面图片：衬衫袖子工作室制作的美国大使馆模型，《每日电讯报》彩色图书馆提供

《反叛者》，1969

【封面设计：格雷厄姆·毕晓普】

"给书呆子的书"："游隼"，1962

"游隼"系列于1962年面市，是一套B开本的当之无愧的高标准理论著作。该系列使用更厚的纸张和更好的封面，比企鹅和鹈鹕都好。游隼标识是汉斯·施勒格（Hans Schleger，1898—1976）设计的，被放置在封面上一排从顶端往下延伸的竖条之间。

当这些竖条与下面的部分颜色搭配和谐的时候［《反叛者》（*The Rebel*）和《中世纪的式微》（*The Waning of the Middle Ages*）］，它们就会非常醒目，但是如果连接不好［《小说的崛起》（*The Rise of the Novel*）］，效果就不那么令人满意了。该系列后期的设计，如《几个莎士比亚的主题与哈姆雷特》（*Some Shakespearean Themes and An Approach to Hamlet*），摈弃了这些竖条，引入了对字体、标识和图片更有前瞻性的编排方式。

对页：

《小说的崛起》，1966年

封面设计：布鲁斯·罗伯逊

《中世纪的式微》，1968年

《17世纪英语文学的逆流》，1966年

封面设计：布鲁斯·罗伯逊

对页：

《英国艺术的英国气质》，1964年

封面设计：赫伯特·斯宾塞

《几个莎士比亚的主题与哈姆雷特》，1966年

封面设计：约翰·休厄尔

A Peregrine Book
The Rise of the Novel Ian Watt
Richardson
Fielding
Studies in Defoe, Richardson
and Fielding
10/6

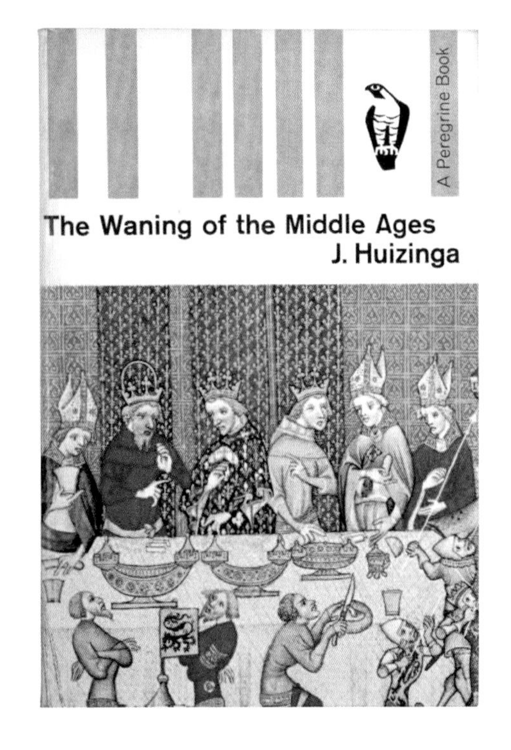
A Peregrine Book
The Waning of the Middle Ages
J. Huizinga

The Englishness of English Art
Nikolaus Pevsner
A Peregrine Book
10/6

L.C. Knights
Some Shakespearean
Themes and An
Approach to Hamlet
a Peregrine Book

《企鹅现代诗人》，1962

罗梅克·马伯设计的网格能够把文字和图片整合在一起并保持出版社的识别度，同时也把前几年约翰·柯蒂斯所鼓励的设计师可以在字体排印上做文章给否定了，将字体排印拉回到一种固定模式。这种统一性和大范围使用战后无衬线字体的做法也被法切蒂用到了其他所有系列的设计上。

《企鹅现代诗人》的出版宗旨正如其封底所说："…… 每辑向广大读者介绍 3 位诗人各 30 首当代诗歌。每首诗的选取都是为了展现该诗人的风格和形式特点。"

整个系列遵循一种简单的字体排印规则，使用了 Univers 纤体，系列名字母全部大写，作者名大小写皆有。这些信息的具体位置可以根据图片微调。

前 7 辑的封面特点是鲜明的精确裁切的黑白照片或黑影照片，但是到第 8 辑出现了彩色，图片也稍有变化（本书 116—117 页）。

《企鹅现代诗人》第 1 辑，1965 年

《企鹅现代诗人》第 2 辑，1970 年

《企鹅现代诗人》第 3 辑，1970 年
封面设计：彼得 · 巴雷特

《企鹅现代诗人》第 4 辑，1970 年
封面设计：彼得 · 巴雷特

《企鹅现代诗人》第 5 辑，1969 年
封面设计：罗杰 · 梅恩

《企鹅现代诗人》第 6 辑，1970 年
封面设计：基于罗杰 · 梅恩拍摄的一张照片

《企鹅现代诗人》第 7 辑，1965 年

《企鹅现代诗人》第 8 辑，1968 年
封面设计：艾伦・斯佩恩

《企鹅现代诗人》第 9 辑，1971 年
封面设计：艾伦・斯佩恩

《企鹅现代诗人》第 10 辑，1967 年
封面设计：艾伦・斯佩恩

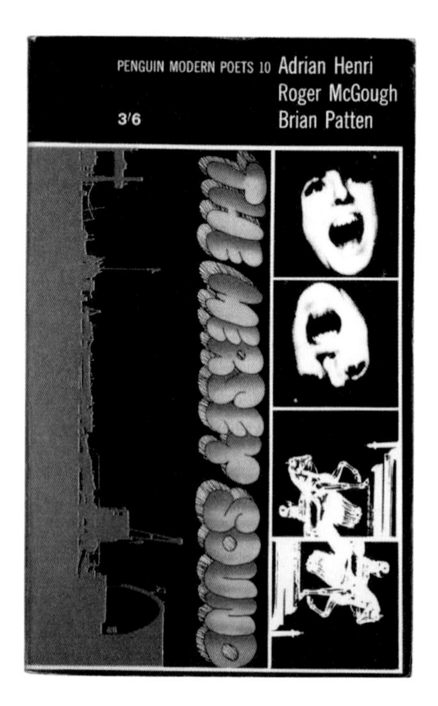

《企鹅现代诗人》第 12 辑，1968 年
封面设计：艾伦・斯佩恩

《企鹅现代诗人》第 13 辑，1968 年
封面设计：艾伦・斯佩恩，用图为北安普顿郡欧弗斯顿费舍尔的一块矿物标本

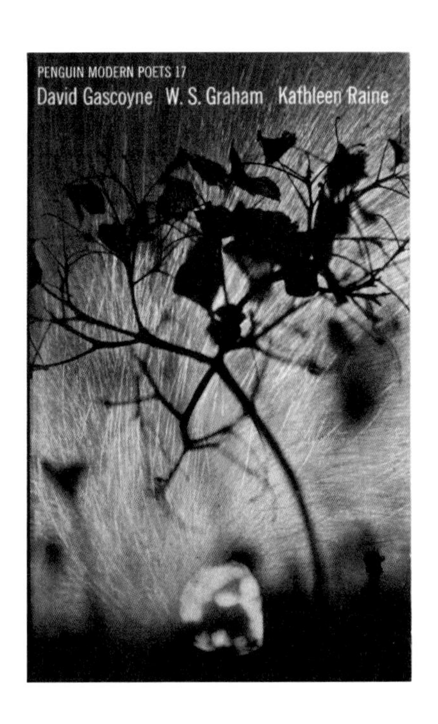

《企鹅现代诗人》第 17 辑，1969 年
封面照片：艾伦・斯佩恩

《企鹅现代诗人》第 20 辑，1972 年
封面设计：艾伦・斯佩恩

“企鹅戏剧”，1964

《洛尔迦戏剧三种》，1958 年
封面设计：约翰·迈尔斯

“企鹅戏剧”系列以萧伯纳的 12 部舞台剧作为首发。封面最初的设计暗指一块帷幕，由约翰·迈尔斯 [John Miles，后来成为科林·班克斯（Colin Banks）的设计伙伴] 设计，但是其中最著名的却是由丹尼丝·约克（Denise York）在 1964 年设计的。丹尼丝·约克设计的这一系列封面最大的特色是系列名称模拟了剧院的灯光。连贯性的字体排印把剧作家和剧作名反白在颜色不同的色块中。每个封面在黑色之外使用 2 种（偶尔 3 种）颜色，但是斟酌使用的套印让颜色看起来更丰富。

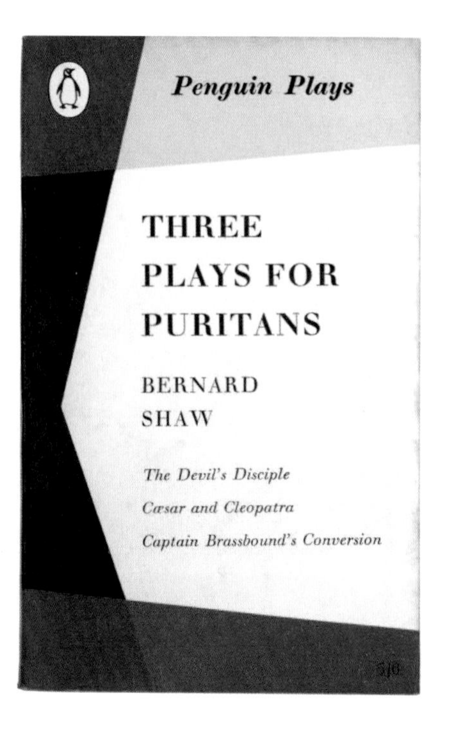

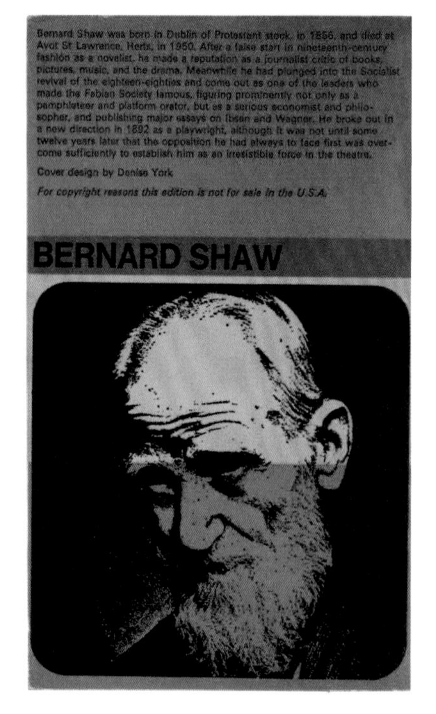

《萧伯纳戏剧集》
（封底和封面），1968 年
封面设计：丹尼丝·约克

《欧洲戏剧三部》，1965 年
封面设计：丹尼丝・约克

《人和超人》，1965 年
封面设计：丹尼丝・约克

《犀牛和其他戏剧》，1967 年
封面设计：丹尼丝・约克

《剧院的寓言》，1966 年
封面设计：丹尼丝・约克

《新英格兰剧作家》卷 6，1966 年
封面设计：丹尼丝・约克

《圣女贞德》，1967 年
封面设计：丹尼丝・约克

《奥斯卡・王尔德戏剧集》，1964 年
封面设计：丹尼丝・约克

《洛尔迦戏剧三种》，1965 年

《多元戏剧集》，1966 年

《内战》，1967 年
封面图片：一枚藏于法国国家图书馆的罗马硬币（斯纳克国际图片库供图）

“企鹅经典”，1963

在把马伯网格用到“犯罪小说”、小说和“鹈鹕”系列后，法切蒂的目标是统一所有的企鹅图书封面。“企鹅经典”自1947年开始，封面就没变过（本书61页），尽管非常注重细节，但还是跟不上新晋封面。后来法切蒂在谈及他的再设计时这样说道：

> 设计企鹅经典系列的封面时，要假定大多数伟大的文学作品激发了艺术作品的创作，或者艺术作品的创作都有文学内涵。除了很明显的“值得期待的元素”，与文学作品有关的视觉画面是为那些平常没有机会出入美术馆和博物馆的读者提供的附加服务。
>
> ——法切蒂，第 24 页

《挪威王哈拉尔三世》，1966 年
封面图片：12 世纪末藏于挪威海德马克郡巴尔迪绍尔教堂，现藏于挪威奥斯陆应用艺术博物馆的巴尔迪绍尔装饰毯的局部

新设计的特点是庄重的黑色封面和书脊，并使用了很多来自斯纳克国际图片库的图片。该公司是几年前在法切蒂的帮助下成立的。依据自身特点，图片有时候被裁切放置在黑色背景上，有时候可以延伸至整个封面。字体是 Helvetica，唯一能体现古典风格的是文字居中。

《贝奥武夫》，1963 年
封面图片：大英博物馆萨顿胡藏品系列中的一只头盔

《夜色温柔》，1963 年
封面插图：约翰·休厄尔

“现代经典”

“现代经典”系列聚集了配以新封面的 20 世纪文学作品，这一套的设计花了不少时间才最终成型。它们面世之初的封面是约翰·柯蒂斯修改的汉斯·施穆勒的设计，使用埃里克·吉尔的 Joanna 字体。

法切蒂开始把马伯网格用在“犯罪小说”、小说和“鹈鹕”（本书 100—105 页）时，也尝试将其应用在几本“现代经典”的封面上，但由于施穆勒坚持，只好继续使用 Joanna 字体。

法切蒂这样描述 Joanna 字体，“完全没有视觉冲击力”。一段时间之后，他改用了 Helvetica 字体；再往后，封面的字体排列有了新规则，作者和书名的高度与网格协调，不再完全照搬马伯网格。这些封面选取的插图与同一时期出版的相对应书籍首版封面一致。

《夜色温柔》，1964 年
封面插图：约翰·休厄尔

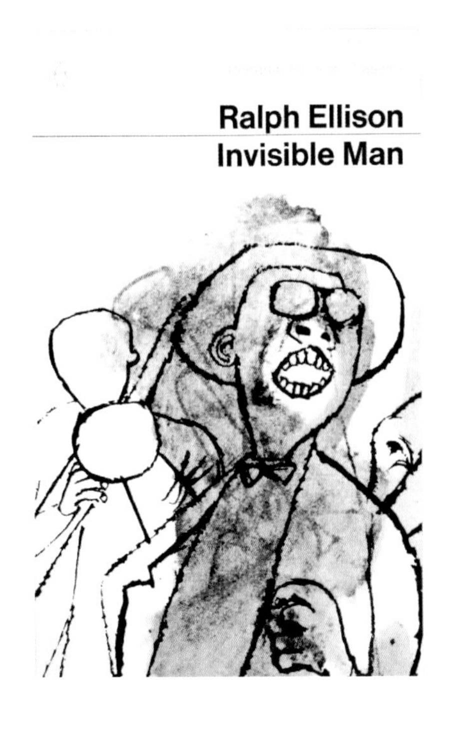

《隐形人》，1968年

在获得本·沙恩本人的许可后，该封面选取了他为电影《书包嘴大使》绘制的系列绘画的局部

《H. 哈特尔大全》，1972年

封面设计：杰尔马诺·法切蒂，选取了藏于英国泰特美术馆、由弗朗西斯·牛顿·苏扎创作的《风景中的两位圣人》的局部

封面摄影：约翰·韦伯

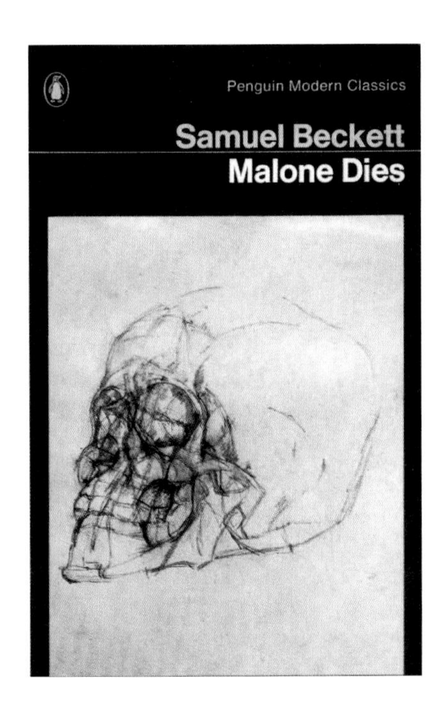

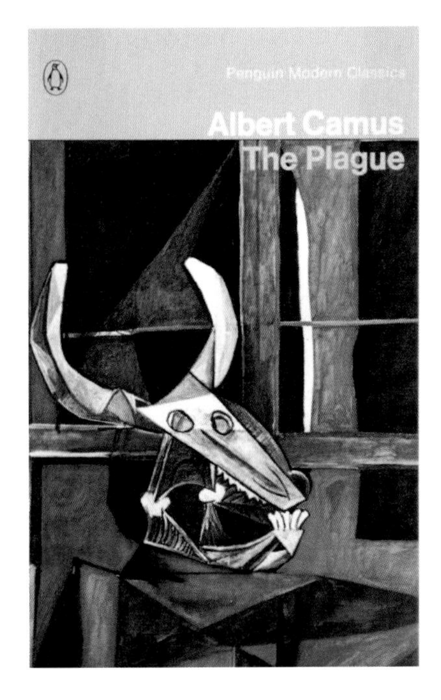

《马龙之死》，1977年

封面图片：艺术家阿尔贝托·贾科梅蒂创作的《骷髅头》，由罗伯特·塞恩斯伯里爵士授权

封面摄影：罗德尼·托德-怀特

《鼠疫》，1980年

封面图片：选取了藏于杜塞尔多夫北莱茵-威斯特法伦艺术品收藏馆的巴勃罗·毕加索作品《静物与牛头骨》的局部

诗歌系列再设计，1963

施穆勒备受欢迎的1954年版诗歌封面于1963年被重新设计。书名占用的区域被缩小，留出更多的空间来展现图形。这些图形太赞了！比之前的活泼生动多了，并行的两个元素，即正式字体和俏皮图形，让这套封面非常有吸引力。斯蒂芬·拉斯设计了大部分封面，其中一些设计原稿现存于布里斯托尔大学的企鹅档案馆。

《企鹅版宗教诗集》，1963年
试验稿和最终封面
封面图形：斯蒂芬·拉斯

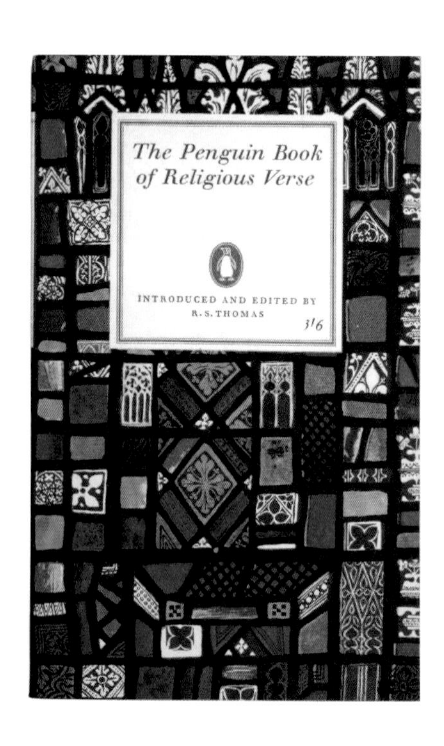

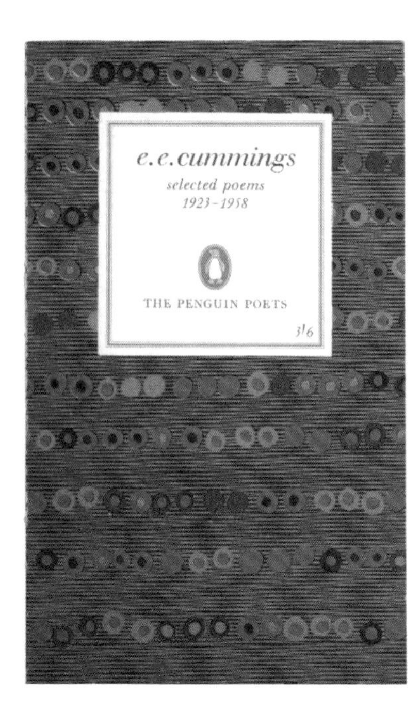

《E. E. 卡明斯》，1963 年
试验稿和最终封面
【封面图形：斯蒂芬·拉斯】

《普希金》，1964 年
试验稿和最终封面
【封面图形：斯蒂芬·拉斯】

D27
Robert Frost
D27
D31
More Comic & Curious Verse
D31
D 39
Robert Graves
D 39
D41
W. H. Auden
D41
D 42
William Blake
D 42
D 44
Hilaire Belloc
D 44
D48
Yet More Comic & Curious Verse
D48
D 53
Thomas Hardy
D 53

D 55
Swinburne
D 55

D 58
Robert Herrick
D 58

D 59
Georgian Poetry
D 59

D 66
Religious Verse
D 66

D 67
Contemporary American Poetry
D 67

D 71
Pushkin
D 71

D 72
e.e. cummings
D 72

D 74
Goethe
D 74

D 77
Japanese Verse
D 77

D 83
Elizabethan Verse
D 83

海报封面：艾伦·奥尔德里奇，1965

托尼·戈德温一直都很清楚，要想跟泛出版公司和柯基出版社等竞争，企鹅就不能依赖自己的名声和对封面设计的好品位。它必须保证自己的书在书店里封面朝外摆放，而要达到这一点，它的封面就必须非常抓人眼球。

戈德温于1965年任命艾伦·奥尔德里奇为小说艺术总监。奥尔德里奇比法切蒂和施穆勒年轻许多，他喜欢好玩的东西且急于展现自己。上任伊始，他就给小说封面带来了改变，保证每个封面都契合书名，而不是像之前那样契合企鹅。

通常情况下，他不要统一的风格，小说封面各种各样，只要封面照片、插图或字体契合书名，足够吸引读者眼球即可。作者名和书名无章法可循，从营销角度来看这是最重大的改变，这一风格占统治地位。

为了保留出版社的一些特性，企鹅标识被适当放大了，标识的椭圆区域被填上不同的颜色来表示小说、犯罪小说或科幻小说。“犯罪小说”的封面最初采用马伯网格，后来被完全自由的设计风格取代，之前暗示性的图案也被改为更清晰或更明确表意的图案（本书132—133页）。

“科幻小说”作为新的小说类别，其封面设计相对普通，多以黑色背景、紫色标识和奥尔德里奇自己努力创作的虚幻插图为主（本书134—135页）。

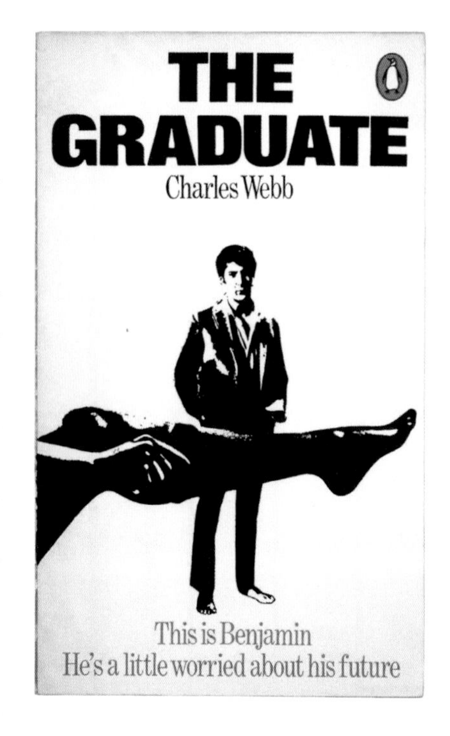

《毕业生》，1970年
封面插图：由迈克·尼科尔斯导演、劳伦斯·特曼公司出品的电影《毕业生》的剧照

《企鹅版约翰·列侬》，1966年
封面设计：艾伦·奥尔德里奇
封面摄影：达菲

《柏林的葬礼》，1966 年
封面设计：雷蒙德・霍基

《巴酷村》，1965 年
封面设计：斯皮克・米利根

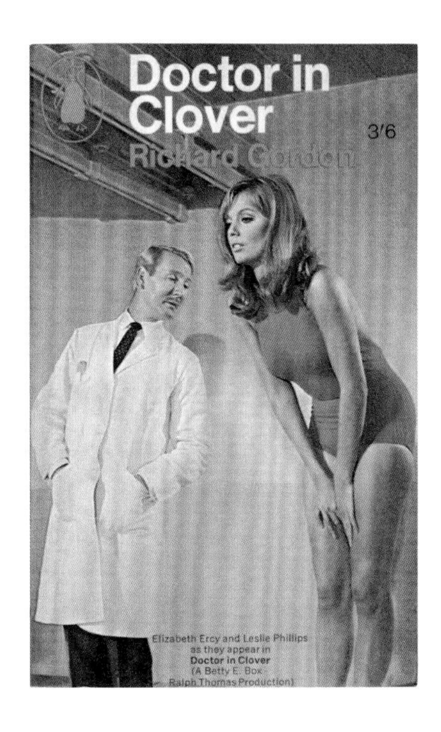

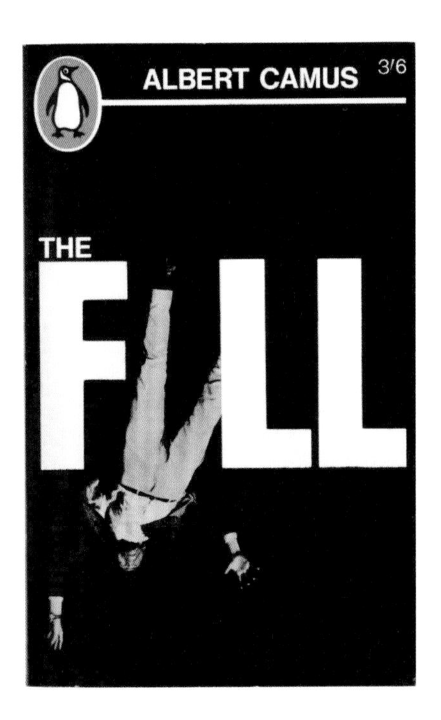

《荒唐医生艳事多》，1966 年
伊丽莎白・艾克和莱斯利・菲利普斯在贝蒂・E. 鲍克斯监制、拉尔夫・托马斯导演的电影《荒唐医生艳事多》中的剧照

《堕落》，1966 年

《女客》，1966 年
封面插图：詹内托・科波拉

《婚姻庇佑的女孩们》，1967 年
封面设计：艾伦・奥尔德里奇

《误投尘世》，1966 年
封面插图：迈克尔・福尔曼

《尤里乌斯进程》，1967 年
封面插图：雷纳托・弗拉蒂尼

《岛》，1966 年
封面设计：罗斯·克拉默

《溺鸭案件》，1966 年
封面设计：詹内托·科波拉

《贝尔加多的女人》，1966 年
封面摄影：丹尼斯・罗尔夫

《迈格雷之死》，1966 年
封面设计：卡尔・费里斯

《湖滨女》，1966 年
封面摄影：鲍勃・布鲁克斯

《悬账》，1966 年
封面摄影：迈克尔・贝塞尔

《目的地：太空》，1967 年
封面设计：艾伦·奥尔德里奇

《八面来风》，1967 年
封面设计：艾伦·奥尔德里奇

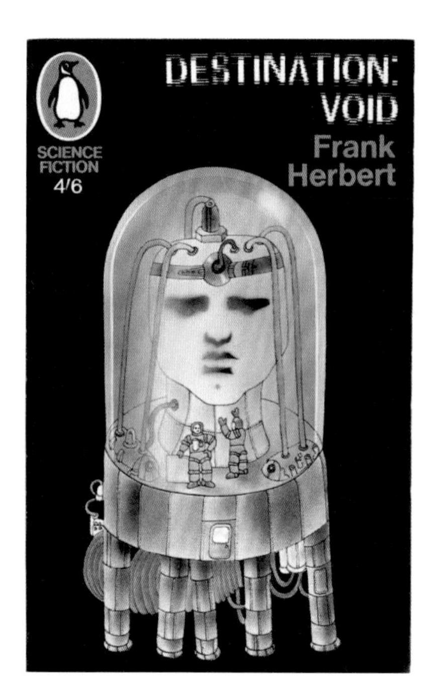

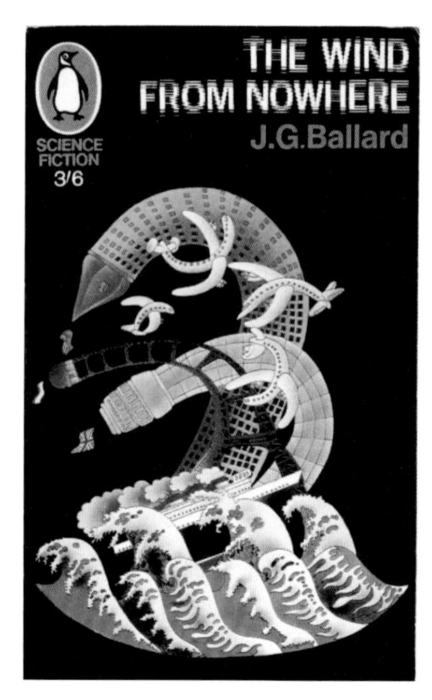

《老虎！老虎！》，1967 年
封面设计：艾伦·奥尔德里奇

《愉快的侵略》，1967 年
封面设计：艾伦·奥尔德里奇

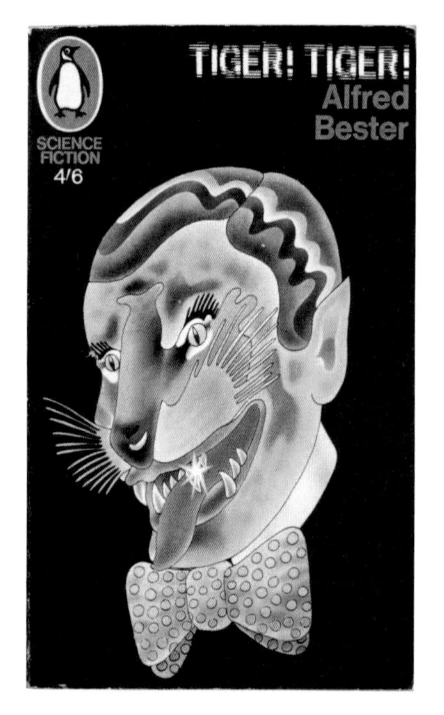

《魔鬼瘟疫》，1967 年
封面设计：艾伦·奥尔德里奇

《屠杀》，1966 年
【封面插图：西内】

西内的《屠杀》，1966

出版了几本漫画集后，托尼·戈德温决定出版法国艺术家西内的作品。马尔科姆·马格里奇（Malcolm Muggeridge）在该书序言中尝试描述西内和他的作品：

> 躲不开想象力的折磨，又对人类的愿望和表现之间骇人听闻的差距有强于常人的感受，西内选择在讽刺中寻找解脱，而这种讽刺在一个极端渐渐变为幻想，在另一个极端则变为厌恨。
>
> （《屠杀》，第 6 页）

近 40 年后，这些作品依然震撼力十足。但在 1966 年，很多人被激怒了。

该书出版后，很多经销商都对封面内容十分厌恶，他们直接向艾伦·莱恩投诉。艾伦·莱恩后来被认为是把经销商从粗鄙封面的暴行下解救出来的人。《私家侦探》（*Private Eye*）杂志称该漫画“风格奇异”并报道说：

> 企鹅（跟 BBC 一样）是如此无能为力，等权威们意识到这本书的本质，已为时过晚。现在董事会全面爆发争吵，有些人可能要辞职了。
>
> （1966 年 12 月 9 日）

在会议上，企鹅的大多数总监和编辑不同意撤下该书，但是艾伦·莱恩无视大多数人的意见，很快将所有库存转移到他位于库房附近的家中。它们最终被烧毁还是被填埋就不得而知了。随后该书状态显示为“绝版”。

Fermée
le
Dimanche

《弗兰妮与祖伊》，1968 年

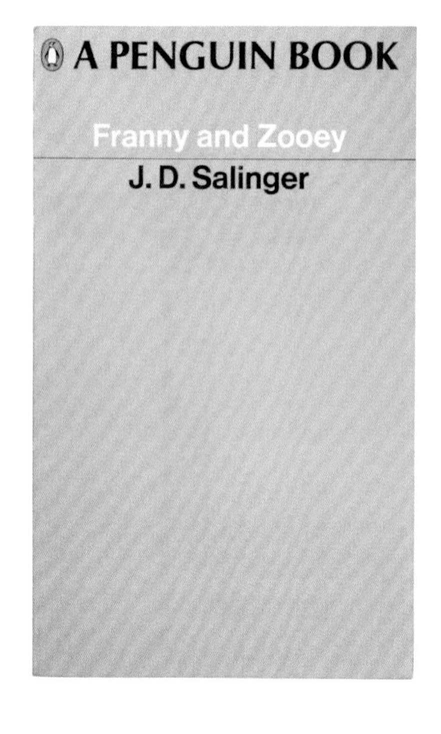

戈德温之后的恐慌，1967—1968

托尼·戈德温走后，艾伦·奥尔德里奇在艺术总监一职上举步维艰，他随后也在那一年离职。继任者差不多在一年之后履新，在那期间，36 磅 Optima 字体的 A PENGUIN BOOK，出现在每一本小说封面的顶端，冷冰冰的。

从 20 世纪 50 年代开始，J.D. 塞林格（J.D. Salinger）的出版合同中有特别条款，不允许企鹅在他的图书封面上设计任何图案或写任何评论。《弗兰妮与祖伊》的封面已然极简，但是直到后来去掉“慌乱顶部”，才终于得到了作家的认可。

艾伦·奥尔德里奇在艾伦·莱恩的要求下，请罗梅克·马伯（在公司一直干到 2005 年）给安格斯·威尔逊（Angus Wilson）的书绘制插图。马伯设计了 6 个封面，除了第一个按照他的设计印刷外，其他 5 个都在没有知会他的情况下被加上了“慌乱顶部”。后来，跟塞林格的作品封面一样，这几个令人生厌的词被删除，马伯的原始设计才被人知晓。

埃德娜·奥布赖恩（Edna O'Brien）的图书封面以突出的“广告语”为特色，始于 1967 年《婚姻庇佑的女孩们》（*Girls in Their Married Bliss*，本书 130 页）的封面上显著的手写体。这个创意一直沿用到她后来出版的书封上，但是在有“慌乱顶部”的年代，文字和图案的精致平衡荡然无存。

《弗兰妮与祖伊》，1982 年

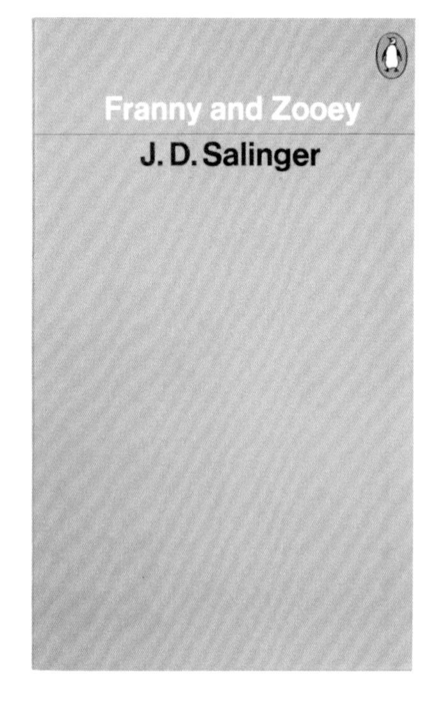

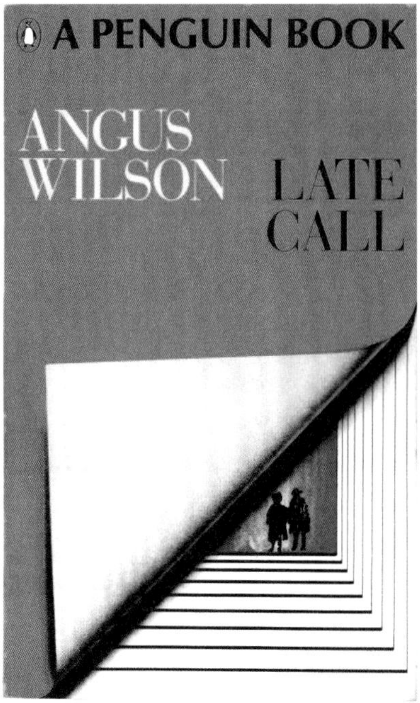

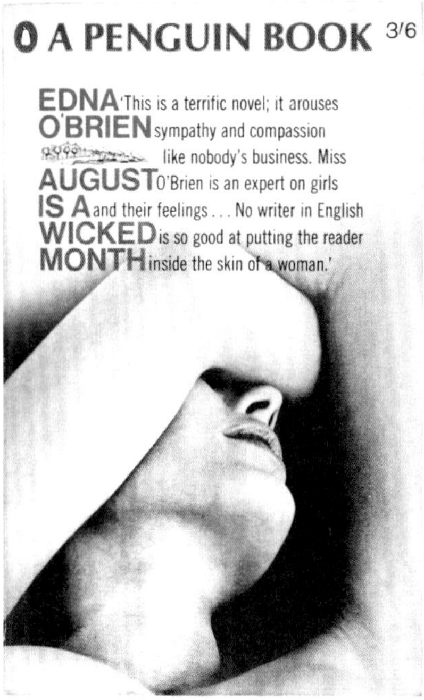

《夜深电话响》，1968 年
封面设计：罗梅克 · 马伯

《八月梦魇》，1967 年
封面照片：选自《维纳斯的镜子》，一个用照片讲述的爱情故事，温盖特 · 佩因摄影，弗朗索瓦丝 · 萨冈和费德里科 · 费里尼撰文

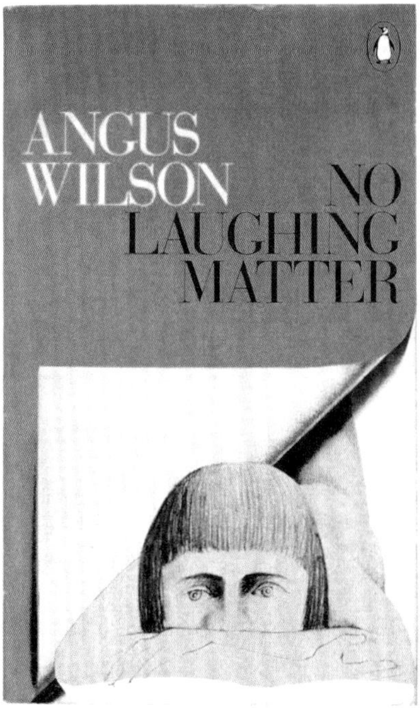

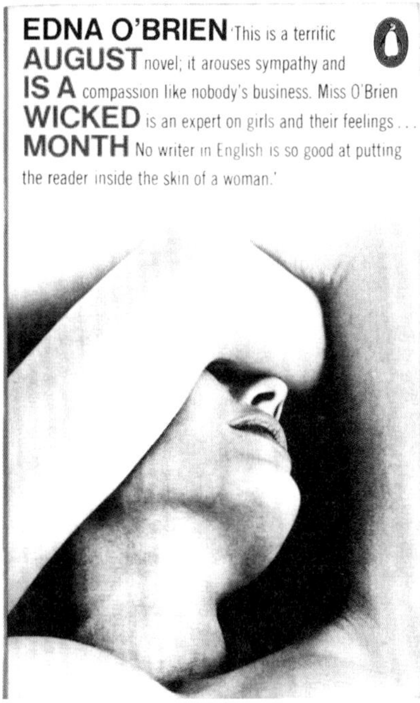

《不是笑料》，1969 年
封面设计：罗梅克 · 马伯

《八月梦魇》，1969 年
【版权信息同上文】

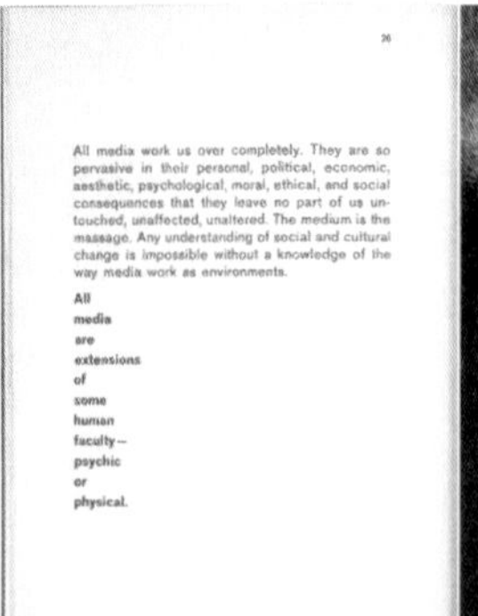

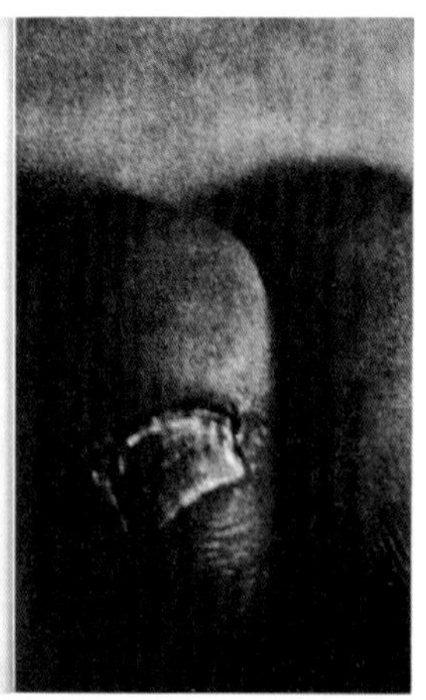

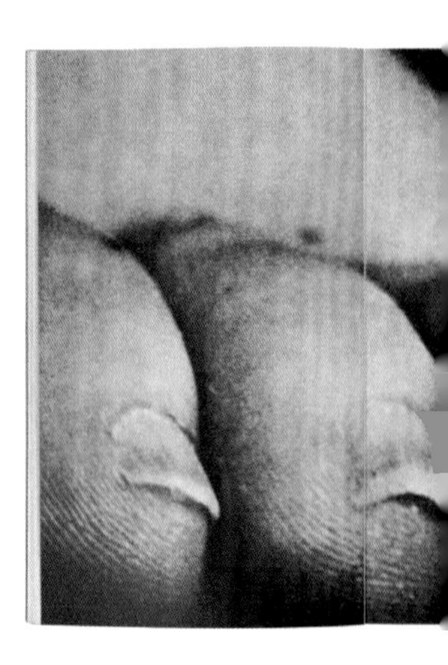

《媒介即按摩》，1967 年
封面照片：托尼·罗洛为
《新闻周刊》拍摄

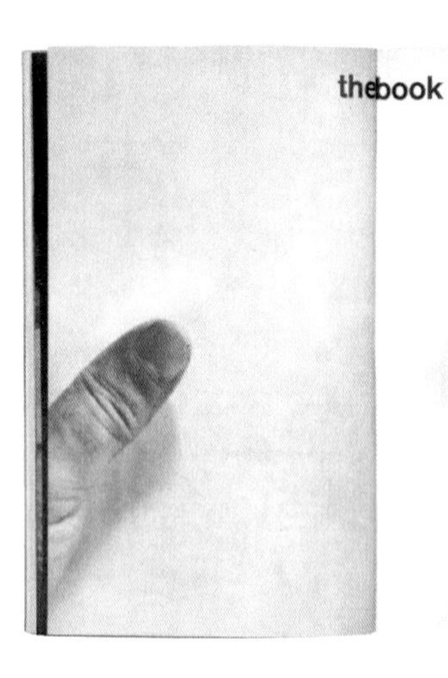

图文整合：
《媒介即按摩》，1967

……这个书名出错了。从排字工人那儿回来的时候，封面上是"按摩"（Massage）。书名实际上是《媒介即信息》（*The Medium is the Message*），但是排字工人打错了。马歇尔·麦克卢汉（Marshall McLuhan）看到排印错误时惊呼："别动它！太棒了，正中目标！"现在，书名的最后一个单词有 4 种读法，哪个都对："信息"（Message）和"混乱年代"（Mess Age），"按摩"（Massage）和"聚合年代"（Mass Age）。

——埃里克·麦克卢汉
（Eric McLuhan）

该书是麦克卢汉作品——特别是《谷

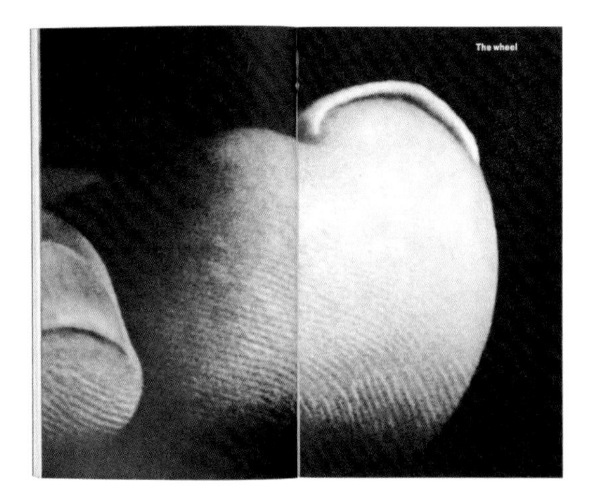

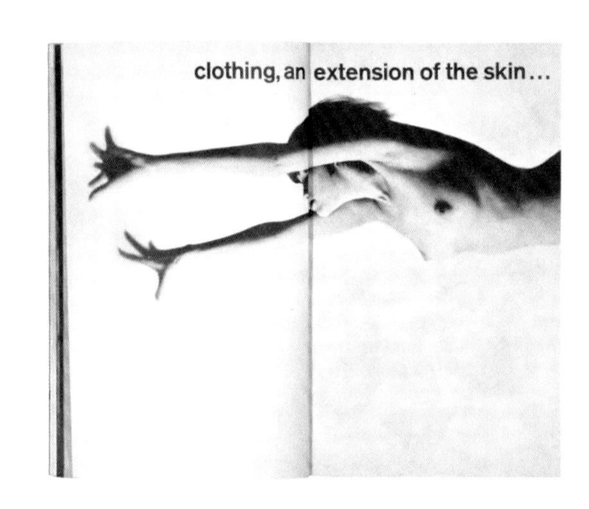

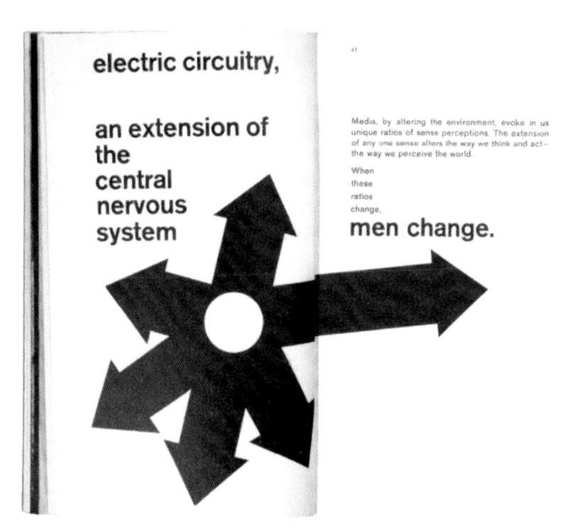

登堡星系》(*The Gutenberg Galaxy*，1962)和《理解媒介》(*Understanding Media*，1964)——很受欢迎的修订版，是麦克卢汉和平面设计师昆廷·菲奥雷(Quentin Fiore)的合作项目，热罗姆·阿热尔(Jerome Agel)负责协调。

设计这本书时，他们故意忽略了文字和图案的传统关系，为的是要富有紧迫感和戏剧性地传递麦克卢汉的警言妙语。这些警语摘自麦克卢汉的大部头著作，而那些著作缺乏这种紧迫感和戏剧性。这本书使用的是常规排版，但读者一连翻上好几页，浏览过一系列文字和图像片段，都难得见到一个整页，或读到下一段内容。诸如图像大小的改变和剪裁等电影式手法也被用在推动这些序列的展开上。

该书首次出版40年后，平面设计师们依然对这本书津津乐道——因为书中关于媒介、技术和社会的观点，也因为它的设计本身。

《企鹅版西班牙诗集》，1966年
【封面图形：汉斯·施穆勒】

诗歌，1966

到了1966年，诗歌系列的精致字体排印开始被视为企鹅图书中的时代错误，因为除了小说，那个时候的其他系列都已经改用时髦的无衬线字体。

法切蒂延续了饰有图案的背景，只是更新了一下字体。

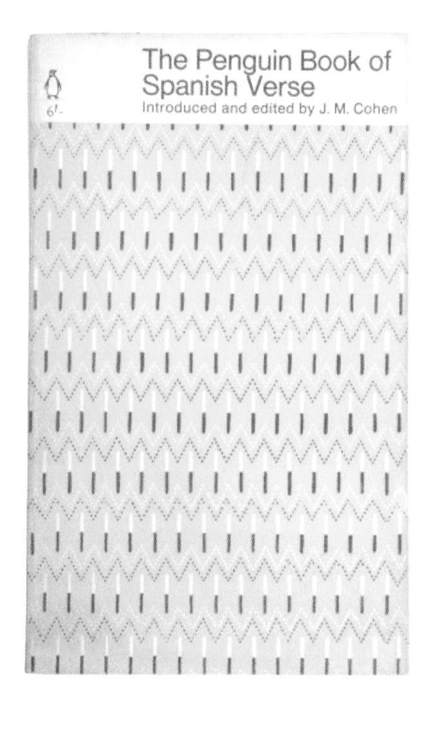

《英国诗歌》，1968年

《罗伯特·弗罗斯特诗集》，1966年
封面设计：斯蒂芬·拉斯

Heine

Selected Verse
With an introduction
and prose translation by
Peter Branscombe

The Penguin Poets

《海涅》，1967 年
封面设计：亨宁・伯尔克

《提高田径技能》卷 1，1964 年
封面设计：布鲁斯 · 罗伯逊
照片提供：楔石新闻社

法切蒂“手册”

法切蒂更新了“手册”系列的封面，像其他系列一样，换上了无衬线字体。

不过，与其他系列不同，他对这套书并未统一设计。因为“手册”系列本身涵盖了非常广泛的主题，有些书还很自然地衍生出子系列，而且为了提升在书店的影响力，还有专门设计的独特封面。“提高运动技能”系列就是一个很好的例子。

其他主题（本书 146—147 页）不像是一个系列，图案的选取和风格迎合每本书的目标市场。

《提高田径技能》卷 2，1964 年
封面设计：布鲁斯 · 罗伯逊
封面摄影：托尼 · 内特

《提高高尔夫技能》，1966 年
封面设计：布鲁斯·罗伯逊

《提高网球技能》，1966 年
封面设计：布鲁斯·罗伯逊

《提高橄榄球技能》，1967 年
封面设计：布鲁斯·罗伯逊

《提高板球技能》，1963 年
封面设计：布鲁斯·罗伯逊

《新版蔬菜种植手册》，1962 年
封面设计：布鲁斯·罗伯逊

《他和她》，1968 年
封面设计：布鲁斯·罗伯逊
封面摄影：迪特马尔·考奇

《家居设计》，1965 年
封面照片：约翰·温特设计的一个房间，由伊恩·约曼斯拍摄

《航海》，1966 年
封面上是一艘竞赛帆船
（像素公司拍摄）

《小轮摩托车驾驶》，1962 年
封面设计：布鲁斯 · 罗伯逊

《仲夏夜之梦》，1971 年
封面设计：戴维·金特尔曼

“新企鹅莎士比亚”，1967

从 1949 年开始，“企鹅莎士比亚”就一直用奇肖尔德可靠的封面设计（本书 56—57 页）。尽管它有着无懈可击的细节，可是一旦用平版胶印并光面层压后，曾经在胶版上用凸版活字印刷的优雅就荡然无存了。该设计的另一个问题，就跟最初企鹅主线系列封面的水平网格设计一样，所有封面看起来都差不多。

“新企鹅莎士比亚”于 1967 年开始推出，法切蒂起初的设计与“企鹅经典”系列相似，但更富激情，摒弃了原来精致的白色线条。大家对该系列并不陌生，其中有几个使用了让人眼前一亮的书籍照片（本书 150—151 页），不过只用在了前 7 个戏剧上。

一个运用了更强烈的字体排印的全新设计随后出现，该设计把系列名和戏剧名做了更明显的区分。法切蒂保留了原来设计中的白色背景，邀请戴维·金特尔曼为每个戏剧绘制专属插图。

金特尔曼把一系列具有中世纪风格的插图制作成木刻版画，只以简单的颜色区块带给它们多样性。每个封面用黑色和至多另外 4 种颜色印刷。20 世纪 70 年代中期，他用了类似的技法在伦敦查令十字街（Charing Cross）地铁站改造中为北线的站台设计壁画。

《理查二世》，1969 年
封面设计：戴维·金特尔曼

《亨利四世：第一部》，1968 年
封面设计：戴维·金特尔曼

《安东尼与克莉奥佩托拉》，1977 年
封面设计：戴维·金特尔曼

《约翰王》，1974 年
封面设计：戴维·金特尔曼

《麦克白》，1978 年
封面设计：戴维·金特尔曼

《莎士比亚喜剧》，1967 年
封面摄影：艾伦·斯佩恩和
尼尔森·克里斯马斯

《莎士比亚和戏剧创意》，1967 年
封面摄影：艾伦·斯佩恩和
尼尔森·克里斯马斯

戴维·佩勒姆和“科幻小说”，1968

艾伦·奥尔德里奇走后一年，小说艺术总监一直空缺。1968 年，戴维·佩勒姆上任。他努力把奥尔德里奇封面上自由与统一的书脊和带出版社标识的封底相结合，还在封面上给企鹅标识留出特定角落，其他则由设计师或插画师自由发挥。他早期设计的“科幻小说”系列封面延续了奥尔德里奇的强烈色彩，但是使用了源自照片的图案。

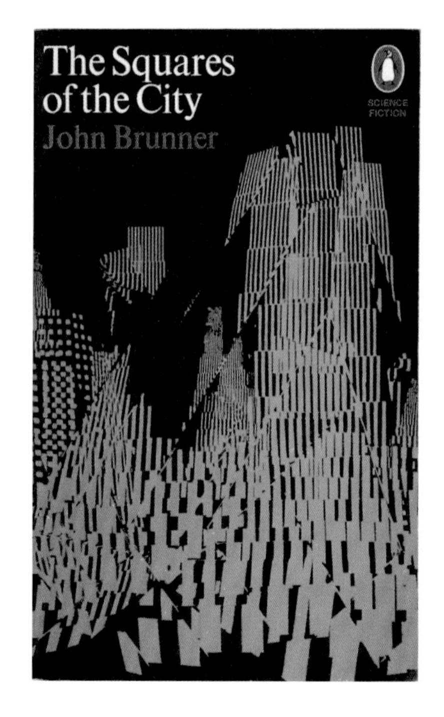

《城市广场》，1969 年
封面设计：佛朗哥·格里尼亚尼

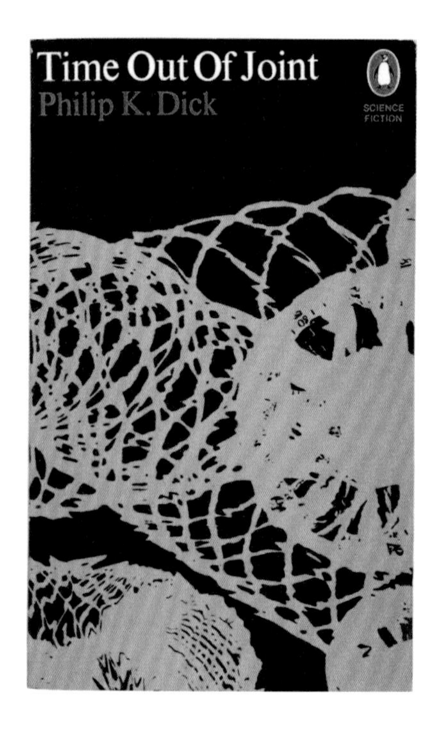

《脱臼的时间》，1969 年
封面设计：佛朗哥·格里尼亚尼

《雨一直下》，1969 年
封面设计：佛朗哥 · 格里尼亚尼

《戴维》，1969 年
封面设计：佛朗哥 · 格里尼亚尼

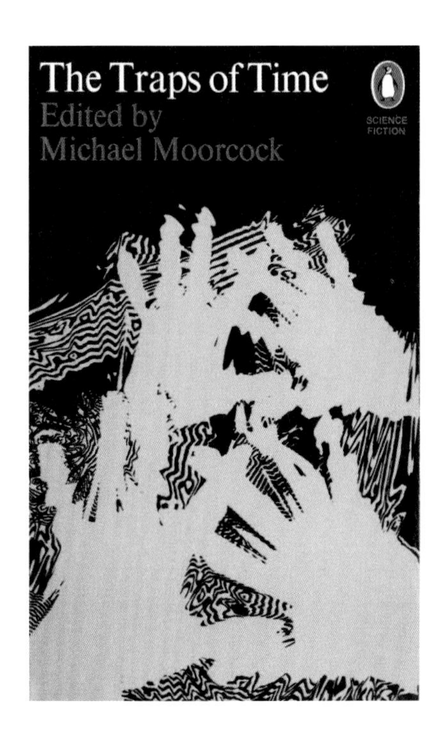

《时间陷阱》，1970 年
封面设计：佛朗哥 · 格里尼亚尼

《外星岩》，1969 年
封面设计：佛朗哥 · 格里尼亚尼

企鹅第 3000 本书，1969

企鹅喜欢在各种纪念日做文章，同样，对于每个具有重要意义的图书编号，企鹅也会精心挑选该编号对应的选题。1969 年，企鹅开始使用国际标准图书编号（ISBN）。这样，企鹅自己一直使用的编号就会受到影响，但是在那之前，编号已经到了 3 000，而且刚好也是艾伦·莱恩进入出版业 50 周年纪念。最终大家决定出版詹姆斯·乔伊斯的《尤利西斯》首个平装本以示庆祝。

实际上，早在 1934 年，艾伦·莱恩就为鲍利海出版社购得首次在英国出版《尤利西斯》的版权。当时出版社的总监们都不同意出版该书，莱恩兄弟只好自负盈亏出版。该书于 1936 年面市。

为了强调它的重要性，《尤利西斯》使用了较大的 B 开本，这在那个时期颇为少见。杰尔马诺·法切蒂想要使用彼时已经标准化的“现代经典”封面设计（本书 122 页），但是汉斯·施穆勒提出了右侧所示的设计并利用他的职位优势强势推行。纯粹的字体排印，简洁却不简单，亮点是扬·范·克林彭（Jan Van Krimpen）的 Spectrum 字体（1952 年），不过，所有大写字母都被重新画过。它跟其他“现代经典”都不同，或者说跟杰尔马诺·法切蒂艺术指导下的任何封面都不同，却令人惊叹，也是那个时期被人们铭记的封面之一。

对页：
《尤利西斯》，1969 年

James
Joyce
Ulysses

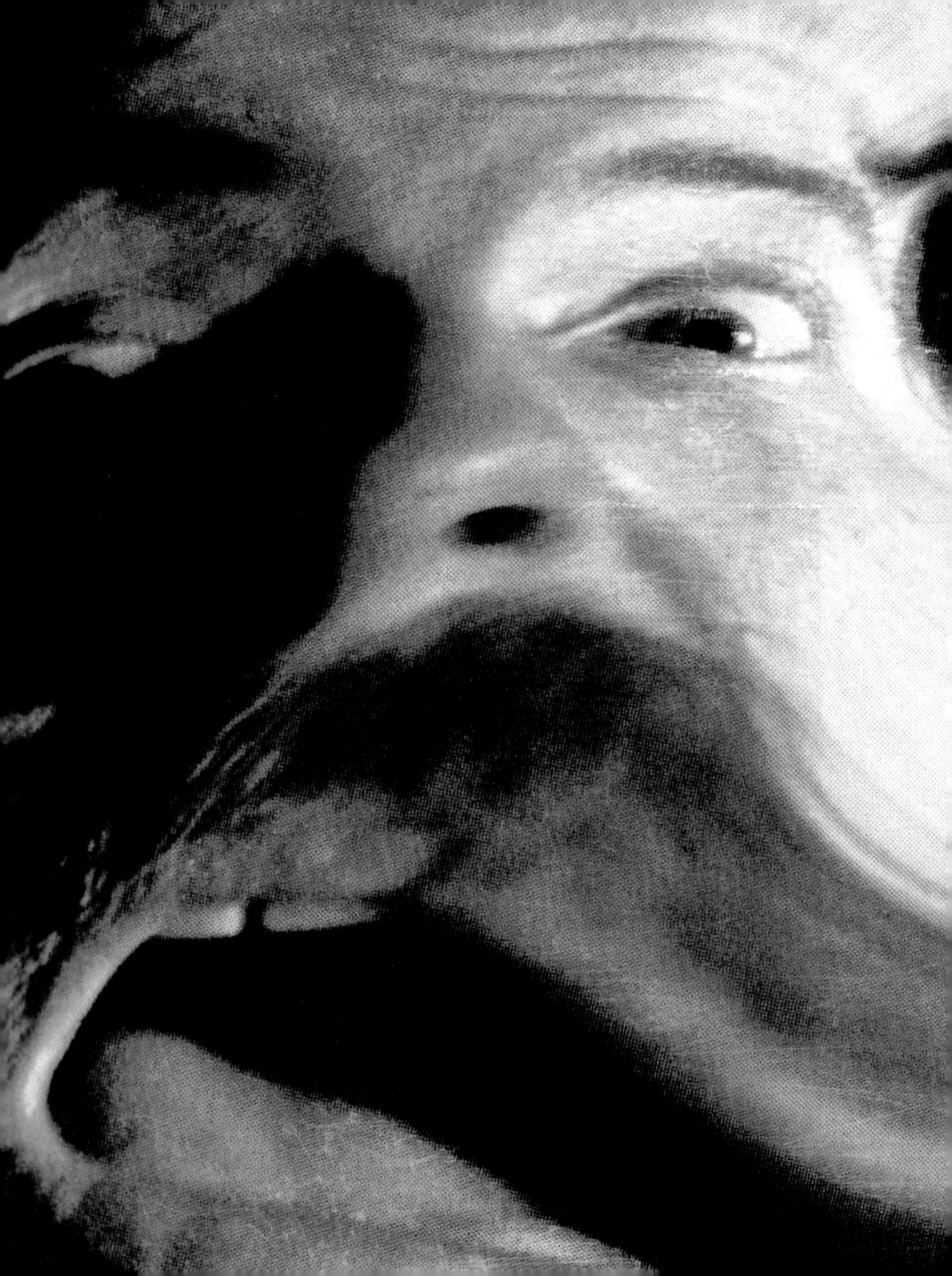

选自《约翰·富兰克林·巴丁的公共汽车》（*The John Franklin Bardin Omnibus*）封面局部，1976年（本书175页）
封面摄影：保罗·韦克菲尔德（Paul Wakefield）

IV. 莱恩逝后，1970—1995

1. 摘自蒂姆·格雷厄姆《企鹅已出版作品目录》，伦敦：企鹅收藏家协会，2003年，第58页。

德里克·伯兹奥尔

IV. 莱恩逝后，1970—1995

对企鹅来说，艾伦·莱恩的死和公司归属关系的变化清楚地标志了一个时代的终结。然而对于整个出版产业来说，20世纪70年代要优先考虑的事情也和原来不一样了，重点不再是一本书本身的价值，而是能从成功推广中获取多少利益。这种想法是20世纪70年代早期经济不稳定的必然产物，从1975年培生收购企鹅及其在美国的精装书子品牌维京出版社（Viking）开始，一连串并购更强化了现代出版业利益驱动的本性。

不过，在一段时间内，这些变化并没有影响到企鹅图书的面貌，因为法切蒂、施穆勒和佩勒姆这些高级设计师仍然在原来的岗位上工作，而且很多之前为企鹅工作的自由设计师也还在给企鹅设计封面。

小说、科幻小说和犯罪小说的封面设计继续以每本书的个性需求为主，配以合适的彩色书脊，企鹅标识是唯一的品牌特性。佩勒姆后来这样描述他对封面作用的期待：

> 必须有两个触发器。首先，能够把读者从书店的另一端吸引过来；其次，等他过来，要能够从视觉或文字方面引起他的兴趣。这样，他就会最终拿起这本书。[1]

除了小说，企鹅品牌的连续性主要依靠知名系列，比如“企鹅经典”和“现代经典”，它们仍然以固定风格出现，一定程度上让企鹅图书保持了视觉特性。1971年到1972年间，戴维·佩勒姆聘请德里克·伯兹奥尔的欧米尼菲克设计公司监管整个“企鹅教育”系列的重新设计。于是该系列有了一个新面貌，改变很大，不过它们有着强烈的品牌特性，而且保留了汉斯·施勒格在1967年绘制的系列标识。

并购之后上任的3位高管，即克里斯托弗·多利（Christopher Dolley）、彼得·卡沃科雷西（Peter Calvocoressi）和吉姆·罗斯（Jim Rose），工作并不轻松，他们要带领公司渡过巨大的经济困境。1974年卡沃科雷西把出版计划从800种减到450种并叫停了“企鹅教育”系列。院校图书，除了“高等院校”改用其他系列封面的还在印刷，其他全部被叫停。

来自图书行业内部的压力也在增加。从20世纪60年代开始，越来越多的精装书出版社有了自己的平装书子品牌，再加上平装书出版社越来越多，市场竞争日益激烈，抬高了平装书的版税。雪上加霜的是，20世纪70年代早期，几个精装书出版社收回了一些作品的版权，其中包括海明威、赫胥黎、乔伊斯和梅铎等人的作品。

企鹅设计部门的变化从杰尔马诺·法切蒂的离任开始。虽然每周只需要工作 22 小时，但他还是在 1972 年离开了企鹅。一年后他回到了意大利，留下了曾经的辉煌：让很多毫不相干的书统一风格，孕育出精妙的设计和对照片的使用规范。他在 1969 年写道：

> 单看设计，这里的封面并非个个都让人赞叹。但是对企鹅来说，始终维持一个高标准要比其他出版社那样时好时坏、互不相干重要得多。[2]

2. 摘自法切蒂《伦敦：企鹅图书》一文。

彼得·梅耶

1976 年，在企鹅供职 27 年后，汉斯·施穆勒退休了。施穆勒的天赋大部分体现在书里，从 20 世纪 50 年代晚期开始他就一直专注于设计中的字体排印细节。他让每个人都达到了像他那样的高标准。从企鹅创立之初，艾伦·莱恩就一直强调好设计的重要性，而且时刻准备着为好设计买单；而从施穆勒那里得到的回报是他投资的好几倍。施穆勒走后，弗雷德·普赖斯（Fred Price）接替他干到 1979 年，然后是杰里·辛纳蒙，他一直干到 1986 年退休。

1978 年来了一位新的董事总经理。彼得·梅耶（Peter Mayer），曾任美国艾文出版社（Avon Books）和口袋出版社（Pocket Books）出版人，肩负起了复兴公司的使命。他意识到企鹅成了一个沉睡的巨人，因此从公司对待营销的态度开始改革。小说有了各种开本，并对其中一些进行重磅宣传和推广。那时最成功的也许是 M. M. 凯（M. M. Kaye）的《异国情天》（*The Far Pavilions*），这部小说随着同名电视剧的播出而销量激增。毫无疑问，这些都使公司财富增值，然而它们对封面设计的影响最恰当的描述也许是“杂乱的”。到 20 世纪 80 年代早期，毫无创意的字体和堆砌的图片，让企鹅的书看起来像是书店里的便宜货。

在梅耶任职期间，关于品牌特性的争论一直没有停止。把橘色用作小说的品牌标识符一次次被质疑、批判，又一次次被激烈地驳回。幸运的是，其他系列始终保持不变的风格，所以小说的游移不定被终结了。于是，那些量相对较小的系列继续带着企鹅品牌标识，而小说则全面放开，关注单本书和市场份额，这在 20 世纪 70 年代的危机中相当重要。

很多人会说，从设计的角度来看，梅耶时代是企鹅有史以来品质最差的。但这并不能掩盖一个事实，那就是 1979 年公司亏损 24.2 万英镑，而仅 3

3. 对琳达·劳埃德·琼斯和杰里米·安斯利的采访，1984年6月，布里斯托尔档案馆，DM1585/6 & 18。

年后公司赢利就达564万英镑。梅耶认为公司10%—15%的书要彻底改变以保住市场份额，这样才能给其余的书保驾护航，而且公司生存远比什么设计理念或标准重要。

戴维·佩勒姆被周遭变化弄得筋疲力尽，在1979年辞去艺术总监一职。几年后回首那段日子，他说：

> 艺术部门……变成了代罪羔羊，如果一本书没卖好，可能是编辑选题失败，也可能是营销部没认真做事，或者认真做但做偏了，可他们总是可以说"唉，封面没弄好，书没问题，其他都没问题"。所以只有你受谴责，可事实是他们所有人都曾经坐在一张桌子旁，以民主的方式，说"好，我们就用这个封面"。[3]

佩勒姆的继任者是谢里恩·马吉尔（Cherriwyn Magill），她曾在企鹅工作，后来去了麦克米伦出版公司。"现代经典"系列就是由她重新设计的。她还聘请了肯·卡罗尔（Ken Carroll）和迈克·登普西（Mike Dempsey）重新设计"参考"系列，他们后来与尼克·瑟克尔（Nick Thirkell）一起成立了卡罗尔、登普西和瑟克尔设计公司。"国王企鹅"这个名字在1981年复活，不过这次成了平装版当代小说的系列名，卡罗尔和登普西设计了系列封面，请专人绘制了插图。

20世纪80年代早期的封面字体大多还是优雅的，是字间距缩小的"现代"衬线字体（本书208—209页），也许这恰恰反映出现代主义的视觉匮乏。虽然找得到不同历史时期字体排印的一些细节，比如图形边框或线条，但是总体来说都不够专业，也没有体现出手工艺的经典性。在某种程度上，这些封面体现了当时的视觉趋势，但它们是由一群艺术院校走出的年轻一代设计师设计的，他们没有印刷行业的背景，无法满足昂贵的新印刷设备的需求，也不知道该选用什么字体以适应新技术。

梅耶的另一项市场策略是出版较大的B开本书籍，因此设计部的大部分时间花在了把已有设计转换到新开本上。字体本身稍微放大了一点儿，但大家都心知肚明，这么做是因为非比寻常的巨大利益。那时不乏批评的声音，说这种做法是肆无忌惮的营销策略，因为价格的增幅远大于印刷成本的增加，而且指责企鹅违背了其初衷，即以最低廉的价格提供高品质的阅读。

与此同时，梅耶认为企鹅之前把从其他出版社买来的版权书都重新排版以符合排版规则的做法不够经济，因此不合理。新书要直接拿来影印，企鹅只要制作前面几页（扉页和版权页等）即可。这样做毫无疑问节省了一些成本，但以失去统一风格为代价，而且是从1947年奇肖尔德变革以来公司建立起来的高标准的倒退。

办公地址也有改变。艺术部和编辑部从20世纪60年代就一直在霍尔本的约翰街办公。1979年搬到了切尔西新国王路更大的办公室（培生办公室）。1985年迈克尔·约瑟夫出版社（Michael Joseph）和哈米什·汉密尔顿出版社（Hamish Hamilton）也搬了过去，两年前也被培生收购的弗雷德里克·沃恩出版社（Frederick Warne）已经在那儿，意味着有必要再换地方。现在编辑部和设计部搬到了肯辛顿莱特兄弟巷。

1984年马吉尔离职，史蒂夫·肯特（Steve Kent）继任。他的首要工作之一就是重新设计"企鹅经典"系列。这是这个系列的第三版封面，他回到了衬线字体Sabon和类似于20世纪50年代受欢迎的"嵌板"设计。这一新设计在1985年（公司成立50周年）8月发布。

企鹅在伦敦皇家节日大厅（Royal Festival Hall）举办了一个展览来庆祝50周年，但对公司很多老员工来说，不久之后汉斯·施穆勒的去世让他们跟过去的联系又少了一些。蒙纳字体公司旗下杂志《记录》（*The Monotype Recorder*）在接下来的一年出版了一本特刊，杰里·辛纳蒙和其他设计师以此纪念施穆勒。

20世纪80年代，公司的高级管理层又发生了变动，因为梅耶越来越多地参与企鹅美国的运营。特雷弗·格洛韦尔（Trevor Glover），之前是企鹅澳大利亚的董事总经理，1987年回到英国任董事总经理，他的下一任是1996年到来的安东尼·福布斯·沃森（Anthony Forbes Watson）。

1991年，让很多人伤心的是鹈鹕没有了。1937年"鹈鹕"系列由艾伦·莱恩推出，为有严肃阅读需求的读者提供了内容广泛的权威著作。不过对大众来说，它们好像太曲高和寡了，因此成了销售障碍。而且因为美国已经有别的出版社注册了鹈鹕作为其子品牌，企鹅美国不能使用鹈鹕这个名字，也加剧了鹈鹕的终结。与前面的"企鹅教育"系列类似，"鹈鹕"系列的图书都分散到其他系列出版了，而且几本"鹈鹕历史"也变成了"企鹅历史"。

20世纪90年代早期，随着生产总监乔纳森·伊格莱西亚斯（Jonathan Yglesias）把苹果公司的麦金塔电脑（Macintosh）引入艺术部，图书生产迎来了又一轮的变革。麦金塔电脑1984年在美国出现后，很快就受到设计师们的青睐，它是第一台成套提供页面排版、现成可用的字体和"图形用户界面"的个人电脑。[4]设计师们受益于QuarkXPress、Freehand和Illustrator这样的设计程序，以及Photoshop这样简单直接的图片处理软件。字体和图片组合的设计可以直接在屏幕上预览，因此设计师可以快速试几个方案，而且有必要的话，可以直接在电脑前讨论。创意和生产的融合让一些人不安（反映了人们对整个平面设计职业的担忧），但是这种新的工作方式使编辑、图片研究员和设计师之间可以有更多对话。时至今日这一模式还在继续。

4. 它最初并没有影响到内文设计，还是以节约时间的方式，计算出手稿的长度，标注出指导意见，然后拿去给专业的排版公司去做。

对页：
《异国情天》，1979年
封面插图：戴维·霍姆斯和彼得·古德费洛

对页：1979年M. M. 凯的《异国情天》由企鹅出版时，它的封面与公司那时出版的大多数小说不一样。这是公然在“卖封面”，标志着公司为了实现销售目标并扭转前几年的经济困境而开始实行新的激进方案。

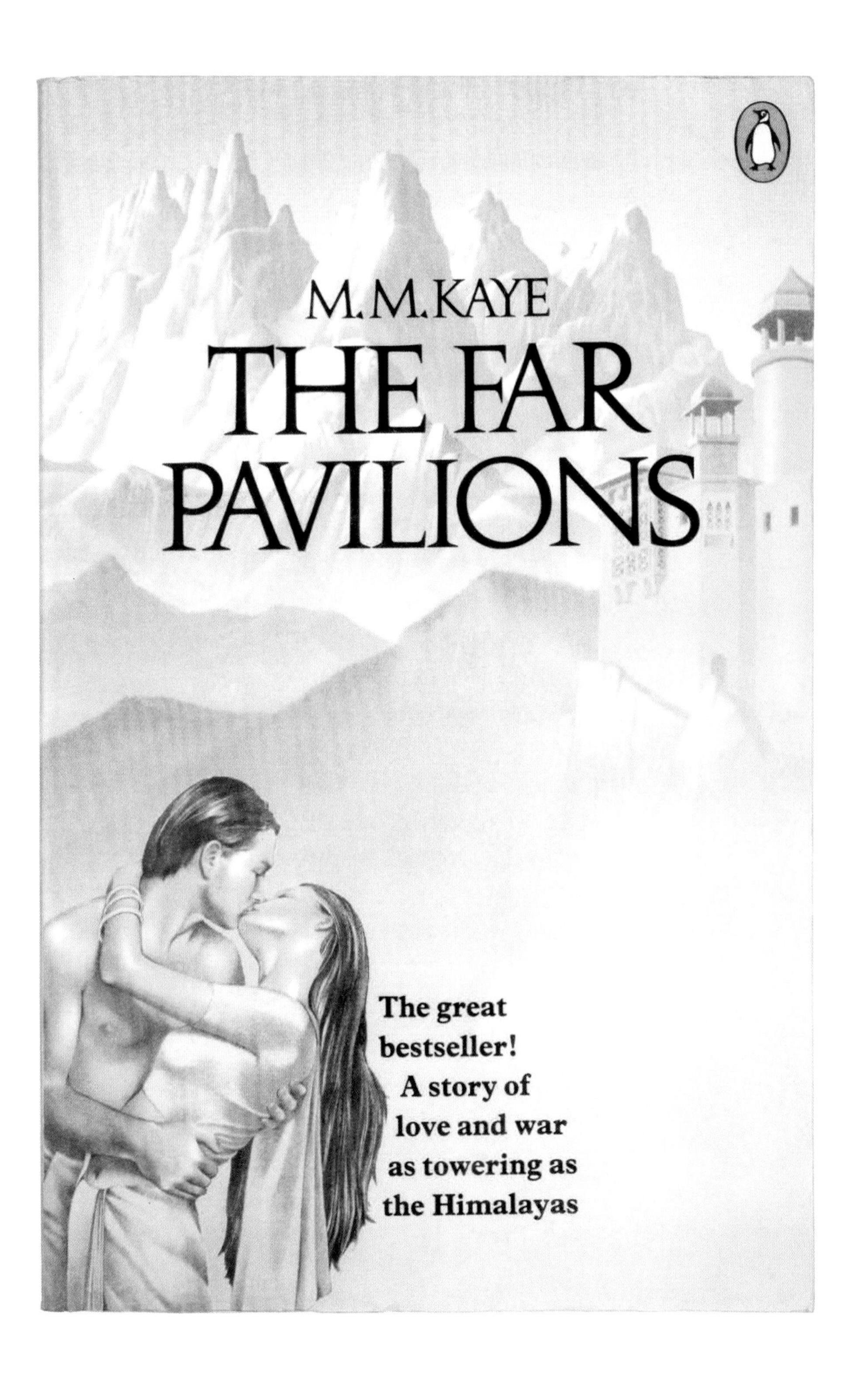
M. M. KAYE
THE FAR PAVILIONS
The great bestseller!
A story of love and war as towering as the Himalayas

戴维·佩勒姆小说的无网格设计

戴维·佩勒姆对小说封面的设计结合了艾伦·奥尔德里奇的设计自由，配以更加统一的书脊和带出版社标识的封底。他在封面上给企鹅标识留出特定位置，其他则由设计师或插画师自由发挥。如果要给他的封面找个共同点，那就是字体排印的高品质细节及其与其他设计元素的完美结合。

跟奥尔德里奇一样，佩勒姆的每个封面都与其选题呼应，插图、照片、设计和字体排印都以他感觉合适为准。他的艺术指向也反映出他运用时代风格的方式与奥尔德里奇或法切蒂不同。奥尔德里奇曾经使用新艺术风格而不是历史符号来吸引读者，而法切蒂表现历史时只用说明性的元素。佩勒姆深知吸引读者的必要性，但是他要求每个封面都必须有不得不那样设计的理由。他不像法切蒂那般追求唯美主义，只要他觉得合适，就会启用赤裸裸怀旧的封面。也许最好的例子是宾利 & 法雷尔 & 伯内特工作室设计的伊夫林·沃（Evelyn Waugh）的图书封面（本书 168 页）。

佩勒姆延续了兴起于 20 世纪 50 年代为不同作者设计具有独特识别度封面的做法（本书 77 页），大家可以在随后两个对开页分别看到 4 个迥然不同的例子。

《文字》，1983 年
封面设计：欧米尼菲克设计公司

《幸子》，1980 年
封面设计：约翰·戈勒姆

《发条橙》，1985 年
封面设计：戴维·佩勒姆

《拆弹组》，1981 年
封面设计：尼尔·斯图尔特
封面插图：切尔马耶夫 & 盖斯马尔设计公司

《两种观点》，1971 年
封面设计：罗兰·博克斯

《阿灵顿的阿普比》，1971 年
封面设计：克罗斯比 & 弗莱彻 & 福布斯设计联盟

《孟加拉夜行者》，1971 年
封面设计：史蒂夫·德沃斯金

《凯斯》，1982 年
封面照片处理（例如中间色）：恩佐·拉加齐尼

《留下那首华尔兹》，1971 年
封面设计：宾利 & 法雷尔 & 伯内特工作室

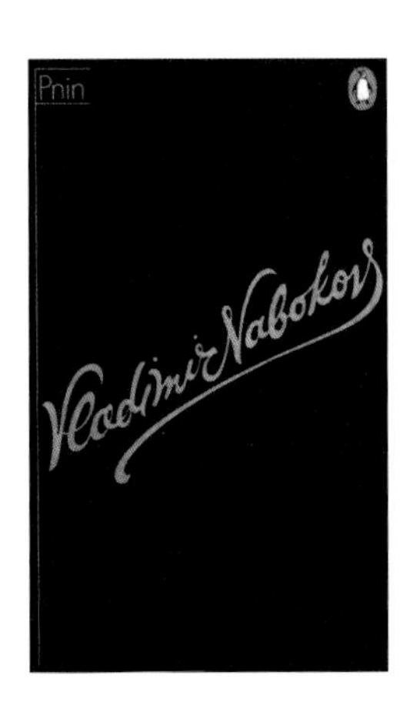

《准点火车》，1979 年
封面插图：坎迪·阿姆斯登

《普宁》，1971 年
封面设计：约翰·戈勒姆

《超能密友》，1979 年
封面插图：丹尼·克莱因曼

《你好，忧愁》，1976 年
封面摄影：伊恩 · 黑森贝格

《无影之人》，1973 年
封面摄影：史蒂夫 · 坎贝尔

《心灵守护者》，1978 年
封面摄影：史蒂夫 · 坎贝尔

《某种微笑》，1969 年
封面摄影：范 · 帕里泽

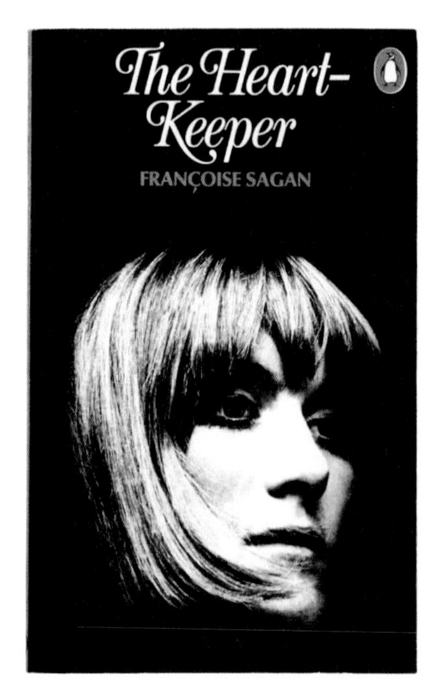

《兔子，跑吧》，1970 年
封面设计：德里克・伯兹奥尔 &
迈克尔・福尔曼
《鸽羽》，1978 年
封面设计：德里克・伯兹奥尔 &
迈克尔・福尔曼

《同一扇门》，1968 年
封面设计：德里克・伯兹奥尔 &
迈克尔・福尔曼

《诗集》，1972 年
封面设计：德里克・伯兹奥尔 &
迈克尔・福尔曼

《黑色恶作剧》，1988 年
封面设计：宾利 & 法雷尔 &
伯内特工作室

《多升几面旗》，1987 年
封面设计：宾利 & 法雷尔 &
伯内特工作室

《海伦娜》，1987 年
封面设计：宾利 & 法雷尔 &
伯内特工作室

《独家新闻》，1984 年
封面设计：宾利 & 法雷尔 &
伯内特工作室

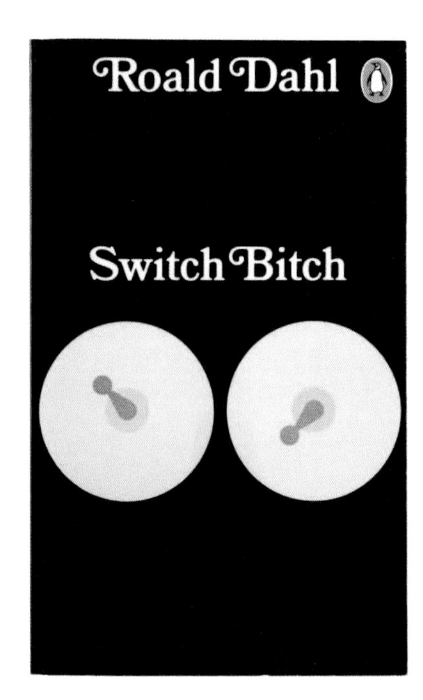

《有人如你》，1982 年
封面设计：欧米尼菲克设计公司

《风流公子狗婆娘》，1982 年
封面设计：戴维・佩勒姆

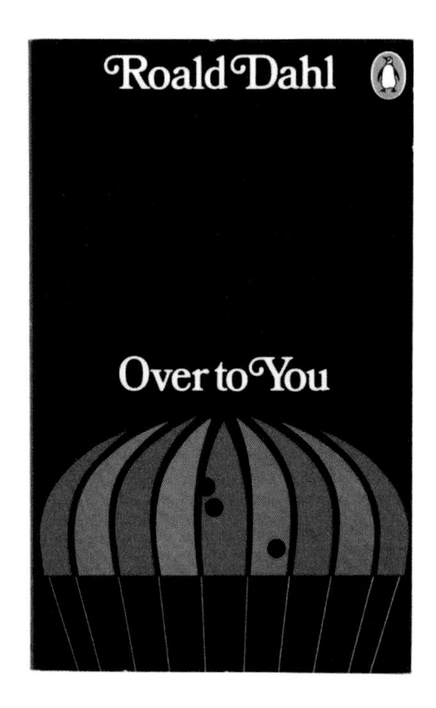

《交给你了》，1973 年
封面设计：欧米尼菲克设计公司

《吻》，1970 年
封面设计：欧米尼菲克设计公司

《爱到尽头》，1971 年
封面插图：保罗・霍格思

《爱到尽头》，1973 年
封面设计：德里克・伯兹奥尔

《哈瓦那特派员》，1968 年
封面插图：保罗・霍格思

《哈瓦那特派员》，1973 年
封面设计：德里克・伯兹奥尔

Graham
Greene
Our Man
in Havana

Graham Greene
The End of the Affair

《爱到尽头》，1975 年
封面插图：保罗・霍格思

一次失败的试验

如果你好奇为什么格雷厄姆・格林（Graham Greene）的一些作品封面上没有插图，一个原因是他迟迟不同意，不过还有下文另一种说法。

尽管格雷厄姆・格林很满意保罗・霍格思为他的图书封面绘制的插图，但他还是觉得自己的名头足够响，封面只有自己的名字也一样大卖。于是他打电话给艺术总监戴维・佩勒姆，探讨只有文字的封面。佩勒姆感觉这么做不靠谱，于是让德里克・伯兹奥尔打电话给格林劝他改主意。结果适得其反，伯兹奥尔打电话给佩勒姆说他认为格林说得有道理。佩勒姆只好请伯兹奥尔给两本书设计了只有文字的封面，它们被陈列在书店显眼的位置。但是销量急剧下降。下一次加印时封面上保罗・霍格思的插图又回来了，而且好像为了弥补之前的悲剧，图案和文字都适当变大了。

这里展示的就是这两本书的连续 3 版封面。

Graham Greene
Our Man in Havana

《哈瓦那特派员》，1975 年
封面插图：保罗・霍格思

《观看之道》，1972

这个封面是一个狂想。它让人感觉好像正文从封面就已开始——这正是它的设计者们希望的，然而它终究没敢彻底颠覆传统，下一页即传统的扉页。这本书由企鹅和英国广播公司（BBC）联合出版，理查德·霍利斯设计了封面和内文。

书中收录了7篇随笔，其中4篇有图有文，3篇只有图，《观看之道》绝非寻常的集成类图书。黑色单色印刷，与《媒介即按摩》（本书140—141页）不同，它不是视觉化的随笔，没有后者如电影般的品相。在《观看之道》有图有文的随笔中，文字占主导地位，图片则不偏不倚地出现在其被提及之处。为了强化文字是绝对主导，设计师没有使用衬线字体的常规形式，而是使用了无衬线字体Univers的粗体。每段首行都大幅缩进（差不多是一行的四分之一），有些图片就按照缩进位置左对齐。

汉斯·施穆勒极其反感该书的设计。他在返回给设计师的封面打样上生气地写道："是这样居中的吗？"书印好放到他桌上时，立刻就被他厌恶地甩到了走廊。

《观看之道》，1972年
封面图片：勒内·马格里特作品《梦之钥》
封面摄影：鲁道夫·伯克哈特

a Pelican Original

WAYS OF SEEING

Based on the BBC television series with

JOHN BERGER

Seeing comes before words. The child looks and recognizes before it can speak.

But there is also another sense in which seeing comes before words. It is seeing which establishes our place in the surrounding world; we explain that world with words, but words can never undo the fact that we are surrounded by it. The relation between what we see and what we know is never settled.

The door
The wind
The bird
The valise

The Surrealist painter Magritte commented on this always-present gap between words and seeing in a painting called The Key of Dreams.

The way we see things is affected by what we

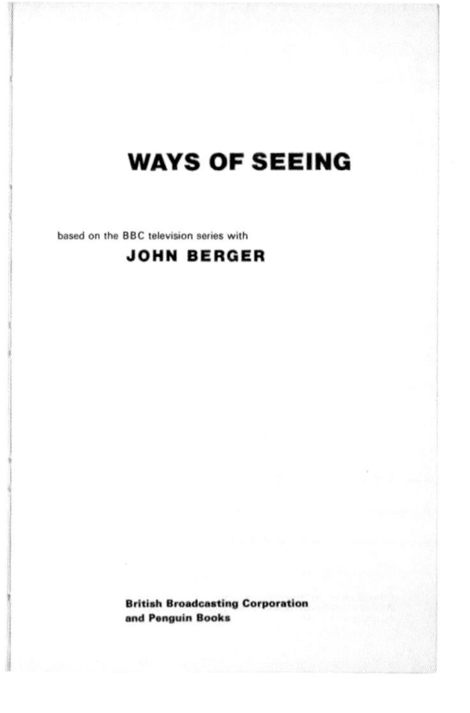

She is not naked as she is.
She is naked as the spectator sees her.

Often – as with the favourite subject of Susannah and the Elders – this is the actual theme of the picture. We join the Elders to spy on Susannah taking her bath. She looks back at us looking at her.

SUSANNAH AND THE ELDERS BY TINTORETTO

In another version of the subject by Tintoretto, Susannah is looking at herself in a mirror. Thus she joins the spectators of herself.

SUSANNAH AND THE ELDERS BY TINTORETTO 1518–1594

The mirror was often used as a symbol of the vanity of woman. The moralizing, however, was mostly hypocritical.

VANITY BY MEMLING 1435–1494

You painted a naked woman because you enjoyed looking at her, you put a mirror in her hand and you called the painting *Vanity*, thus morally condemning the woman whose nakedness you had depicted for your own pleasure.

The real function of the mirror was otherwise. It was to make the woman connive in treating herself as, first and foremost, a sight.

The Judgement of Paris was another theme with the same inwritten idea of a man or men looking at naked women.

THE JUDGEMENT OF PARIS BY CRANACH 1472–1553

《迪克》，1973 年
封面摄影：丹尼斯・罗尔夫

《终幕》，1978 年
封面设计：罗伯特・霍林斯沃思
封面摄影：彼得・巴比里

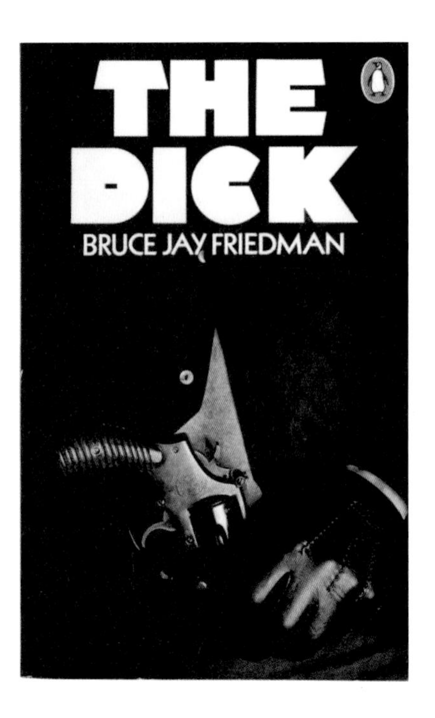

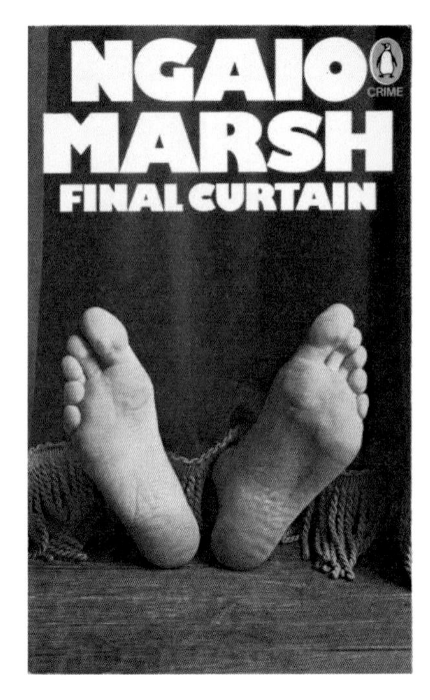

《瓦茨拉夫之夜》，1977 年
封面摄影：罗伯特・戈尔登

《内部消息》，1978 年
封面摄影：罗伯特・戈尔登

“犯罪小说”的罪行

随着第一个有插图的“犯罪小说”封面于20世纪60年代早期出现，这个系列封面的设计宗旨即反映书的情绪，而非对书进行文学刻画（本书100—101页）。因此，插图就成了打破审美疲劳、迎接新事物的一条出路。

直截了当而不是精修过的照片在艾伦·奥尔德里奇任艺术总监的时代很受欢迎，封面有某种程度的现实主义，不过在此过程中它们失去了大部分的神秘感。佩勒姆和后继者都延续了这一风格。由于很多封面使用的照片很直接，人们记住最多的反而是作者姓名明显的字体变化。

《约翰·富兰克林·巴丁的公共汽车》，1976年
封面摄影：保罗·韦克菲尔德

《沉默搭档》，1978年
封面设计：马里奥·卡萨尔和安德鲁·瓦伊纳在乔尔·B. 迈克尔斯、加思·H. 德拉布斯基、史蒂芬·扬出品的电影《沉默搭档》中的剧照

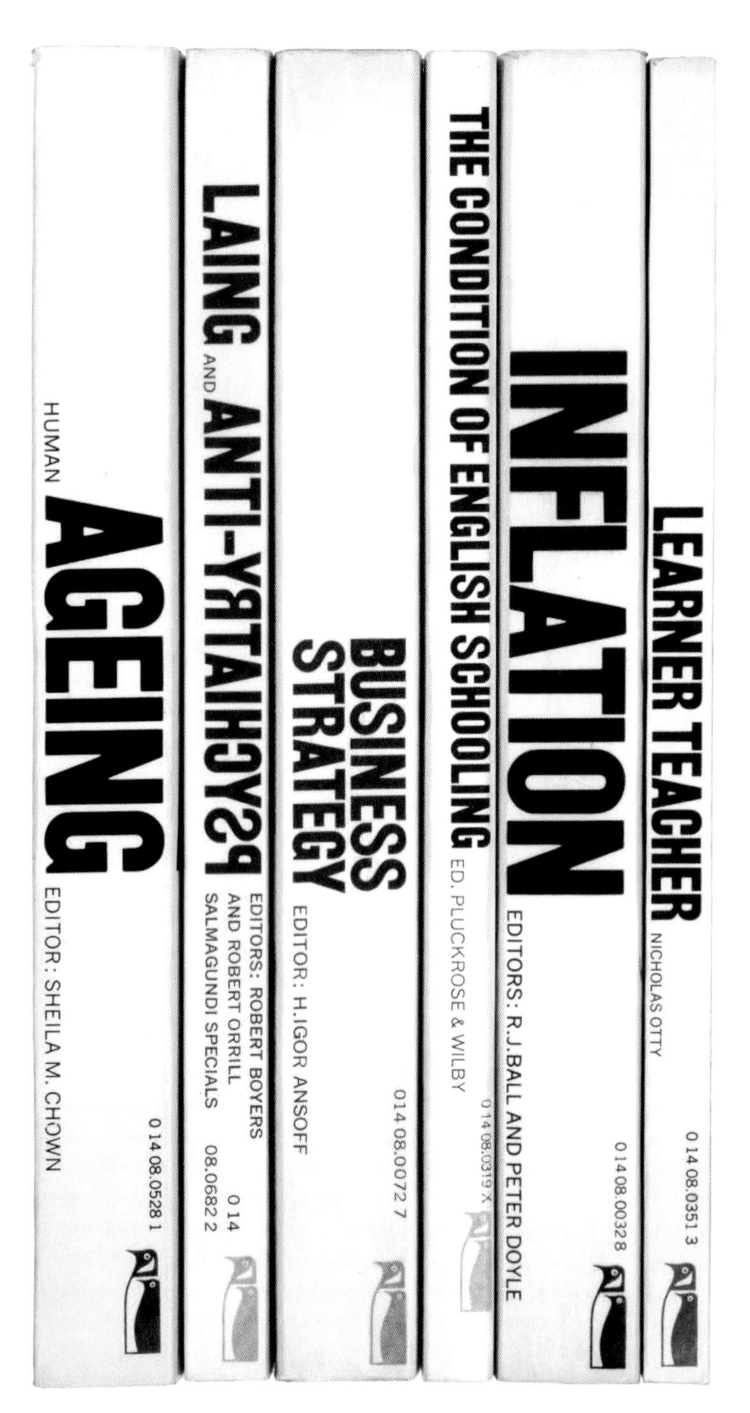

“企鹅教育”，1971—1972

1971 年，戴维·佩勒姆请德里克·伯兹奥尔的欧米尼菲克设计公司为整个“企鹅教育”系列设计一个全新面貌。之前的设计用颜色编码和图形来强调每一个主题，而伯兹奥尔则用白色背景和黑色字体保持了整个系列的一致性，使用无衬线字体 Railroad Gothic 粗体的不同字号突出不同主题，字号以书脊能承受的最大为限，在书脊同一位置右对齐，让这套书很适合放在书架上。

封面使用了强烈的字体排印和幽默图形来展现每本书的内容。在与“企鹅教育”系列编辑查尔斯·克拉克（Charles Clarke）的紧密合作下，欧米尼菲克设计公司承接了 200 多本书的封面设计，请了 30 位设计师来完成。

该系列增至 B 开本时，书脊的文字对齐被保留，以保持连贯性。

《城市》，1977 年
封面设计：欧米尼菲克设计公司 / 菲利普・汤普森

《通货膨胀》，1972 年
封面设计：欧米尼菲克设计公司 / 德里克・伯兹奥尔

《变革与冲突管理》，1972 年
封面设计：欧米尼菲克设计公司 / 德里克・伯兹奥尔

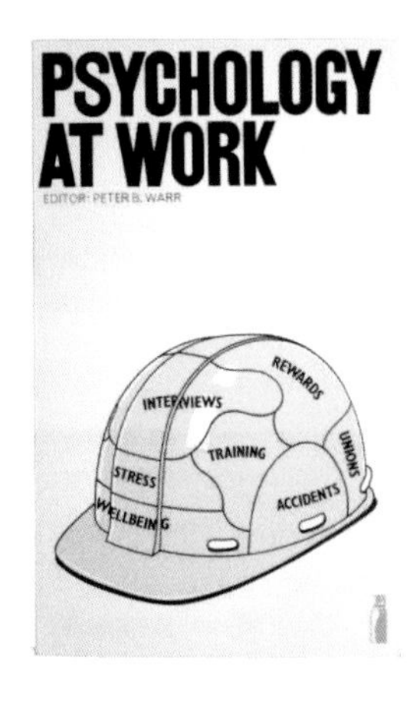

《工作心理学》，1978 年
封面设计：琼斯・汤普森

《人类老化》，1972 年
封面设计：欧米尼菲克设计公司 / 德里克・伯兹奥尔

《讲座何用？》，1974 年
封面设计：斯蒂芬・斯凯尔斯

《宗教社会学》，1976 年
封面设计：欧米尼菲克设计公司 / 马丁・考泽

《学生老师》，1972 年
封面设计：欧米尼菲克设计公司 / 马丁・考泽

《管理和激励》，1979 年
封面设计：欧米尼菲克设计公司 / 德里克・伯兹奥尔

Erving Goffman
Encounters

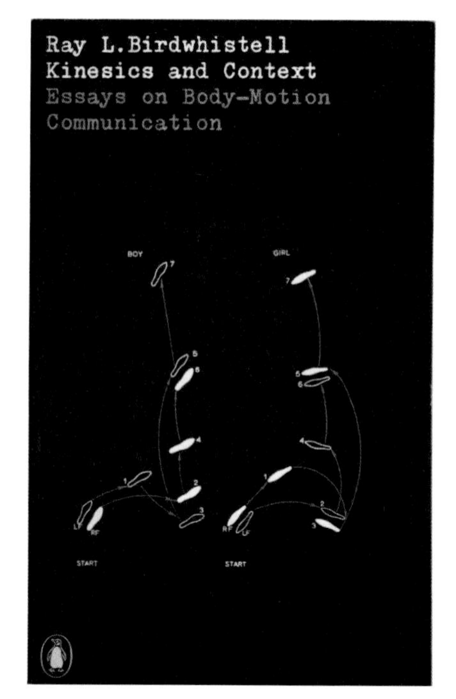
Ray L.Birdwhistell
Kinesics and Context
Essays on Body-Motion
Communication
BOY
GIRL
START
START

Stephan Körner
Fundamental Questions
of Philosophy

D. W. Harding
Experience into Words

“高等院校”，1972

佩勒姆请约翰·麦康奈尔（John McConnell，1972年加入五角设计联盟）为企鹅教育系列的子系列“高等院校”图书设计封面。为了与德里克·伯兹奥尔设计的教育系列区分，“高等院校”系列的特色是黑色封面，打字机效果的低调字体排印，以及体现每本书内容的简洁线条画。（八卦一下，伯兹奥尔最爱的封面：约翰·厄普代克的作品，本书167页。）

《宗教和巫术的衰落》，1971年
封面设计：约翰·麦康奈尔

上一页：《对决》，1972年
封面设计：约翰·麦康奈尔

《体态语与语境》，1973年
封面设计：约翰·麦康奈尔

《童年常态和病理学》，1973年
封面设计：约翰·麦康奈尔

上一页：《哲学基本问题》，1973年
封面设计：约翰·麦康奈尔

《经验之谈》，1974年
封面设计：约翰·麦康奈尔

“物理科学文库”

“企鹅教育”系列的另一个子系列的封面是由洛克 & 彼得森公司（Lock/Pettersen Ltd.）设计的。它们的特点是有一个固定区域放置系列名和企鹅教育的标识，在它们下面是书名和作者名。无衬线字体没有用 Helvetica，而是用了 Univers，从 20 世纪 60 年代早期起，它几乎成了企鹅的标准字体。

每个封面余下的三分之二使用了基于几何图形创作的描述每本书主题的图形，并有效使用了双色印刷。

对页：
《自由电子》，1970 年
封面设计：洛克 & 彼得森公司

《轨道和对称》，1970 年
封面设计：洛克 & 彼得森公司

《核反应》，1971 年
封面设计：洛克 & 彼得森公司

对页：
《气体、液体和固体》，1969 年
封面设计：洛克 & 彼得森公司

《量子化学》，1972 年
封面设计：洛克 & 彼得森公司

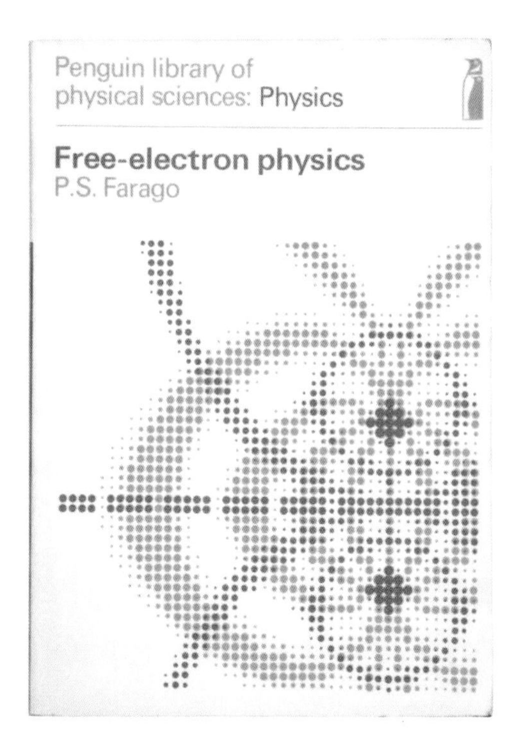
Penguin library of
physical sciences: Physics
Free-electron physics
P.S. Farago

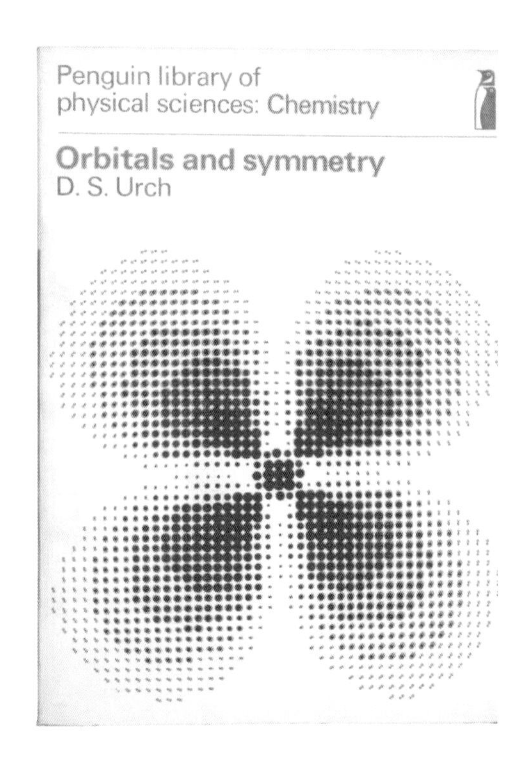
Penguin library of
physical sciences: Chemistry
Orbitals and symmetry
D. S. Urch

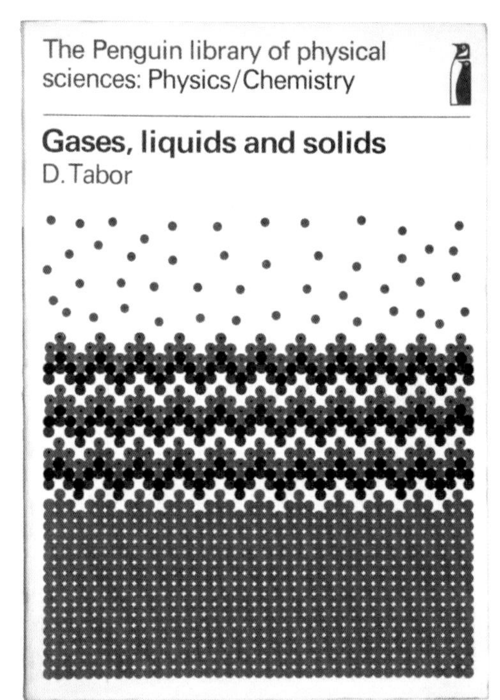
The Penguin library of physical
sciences: Physics/Chemistry
Gases, liquids and solids
D. Tabor

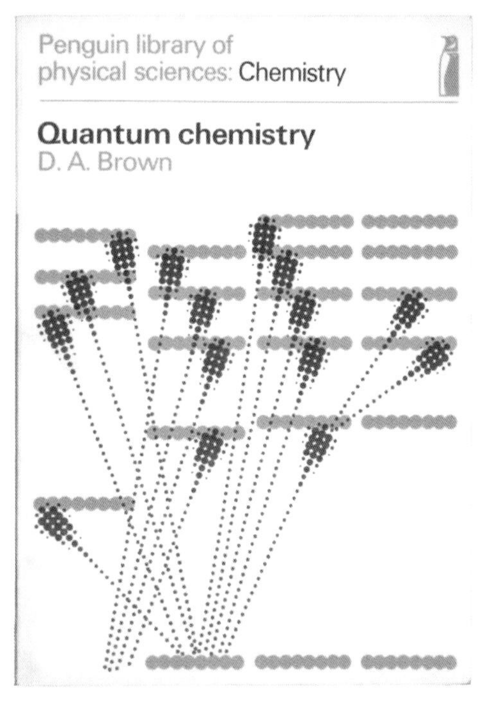
Penguin library of
physical sciences: Chemistry
Quantum chemistry
D. A. Brown

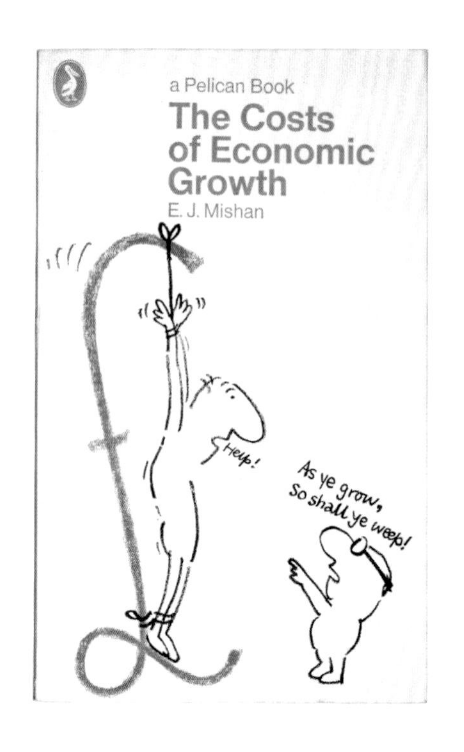

《经济增长的代价》，1969 年
封面设计：梅尔 · 卡尔曼

梅尔 · 卡尔曼

卡尔曼，1931 年出生，曾在圣马丁艺术学院学习，以为全国性的报纸创作漫画而著称。从 20 世纪 50 年代晚期起，直到 1994 年去世，他为《每日快报》(*Daily Express*)、《星期日电讯报》(*Sunday Telegraph*)、《观察家报》(*Observer*)、《星期日泰晤士报》和《泰晤士报》工作过，同时还有其他不计其数的作品。

人们一度认为严肃主题的图书必须有严肃的封面，而"鹈鹕"系列，由于使用了梅尔 · 卡尔曼的插图，在改变这一偏见上起到了举足轻重的作用。启用卡尔曼的漫画进一步诠释了鹈鹕的宗旨，即让大众读懂严肃主题，而且毫无疑问极大地增加了鹈鹕的吸引力。虽然视觉上与其他鹈鹕图书不同，但共同之处是都用不太出格的设计来表现每一本书，同时又充分考虑了市场因素。1968 年，企鹅出版了他的漫画封面系列，即《企鹅：梅尔 · 卡尔曼》。

《自动化时代》，1966 年
封面设计：梅尔 · 卡尔曼 &
格雷厄姆 · 毕晓普

《商业冒险》，1971 年
封面设计：梅尔·卡尔曼 &
菲利普·汤普森

《学生陷阱》，1972 年
封面设计：梅尔·卡尔曼 &
菲利普·汤普森

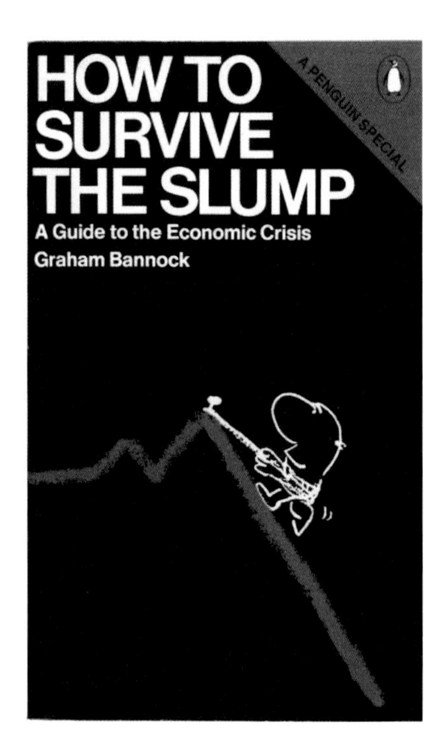

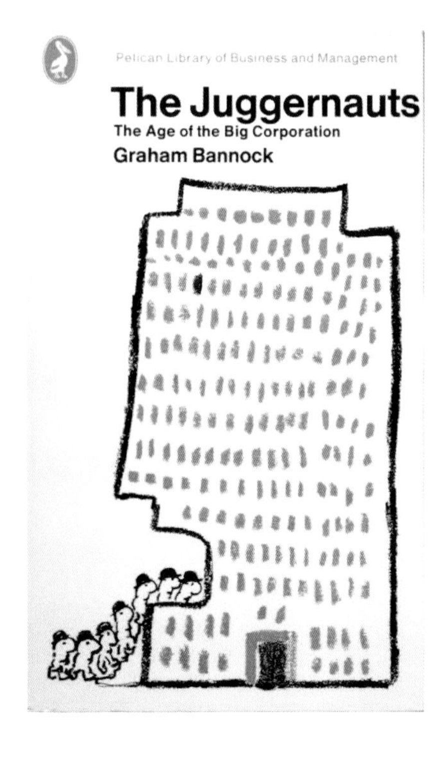

《如何应对衰退》，1975 年
封面设计：梅尔·卡尔曼

《巨头》，1973 年
封面设计：梅尔·卡尔曼 &
菲利普·汤普森

“鹈鹕”绝唱

鹈鹕图书的强大封面始于20世纪50年代晚期约翰·柯蒂斯的设计（本书88—89页），一直持续到20世纪70年代。鹈鹕图书封面使用马伯网格要比“犯罪小说”或一般小说更久一些，甚至当它不再使用马伯网格时，封面也没有马上做很大改动。在戴维·佩勒姆的指导下，字体排印继续在封面上端三分之一区域里不对称使用Helvetica字体，鹈鹕标识则位于上端一角。

简单图形比之前更受喜爱，偶尔也会用一些合适的照片。印刷术成熟起来，实验性的印刷方式也逐渐减少，特别是当用到套印等某种特殊技术时，比如R. D. 莱恩（R.D. Laing）的书（本书188—189页）。主要是因为它能够表达创意，而不是简单为了视觉效果。

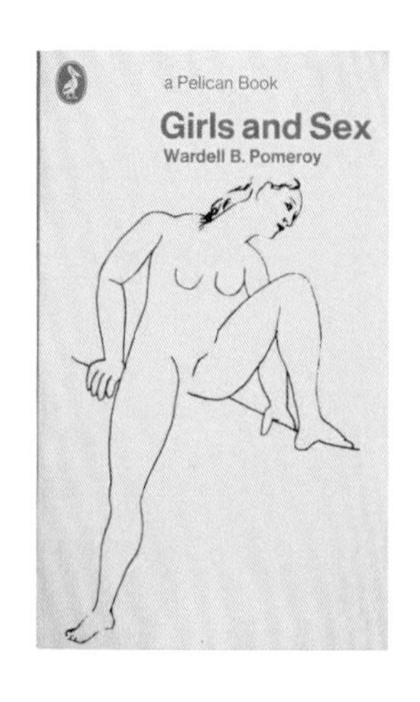

《女孩和性》，1981年
封面图片：毕加索的画
（版权属于法国美术著作权协会）

《毒品和人类行为》，1972年
封面设计：图解设计公司

《草莽龙蛇》，1972年
封面设计：帕特里克·麦克里思
封面摄影：约翰·希贝特
频闪控制设备提供：道氏仪器公司

Marital Breakdown
J. Dominian

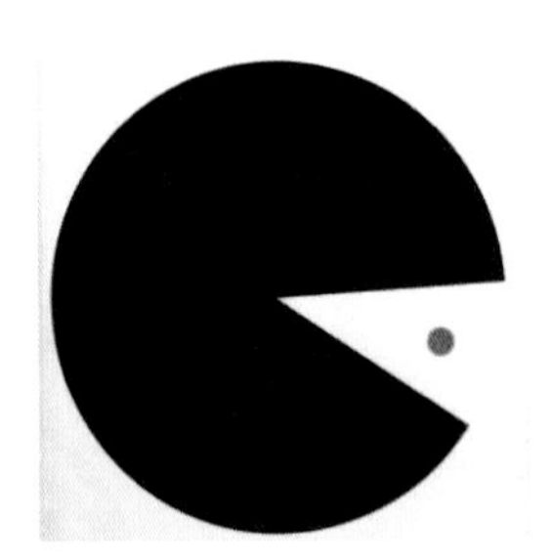

《婚姻破裂》，1982 年
封面设计：帕特里克·麦克里思

《经济学与公共目标》，1975 年
封面设计：德里克·伯兹奥尔

《垂死》，1979 年
封面设计：迈克尔·莫里斯

Sir Ernest Gowers

Venereal Diseases
R. S. Morton

《公文写作》，1983 年
封面设计：戴维·佩勒姆

《同性恋》，1974 年
封面设计：迈克尔·莫里斯

《性病》，1974 年
封面设计：迈克尔·莫里斯

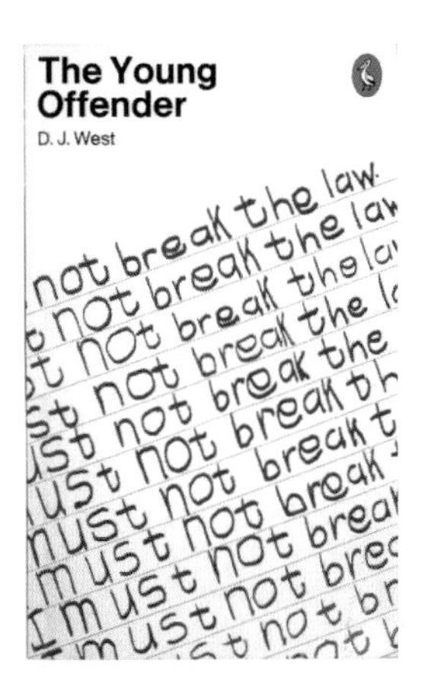

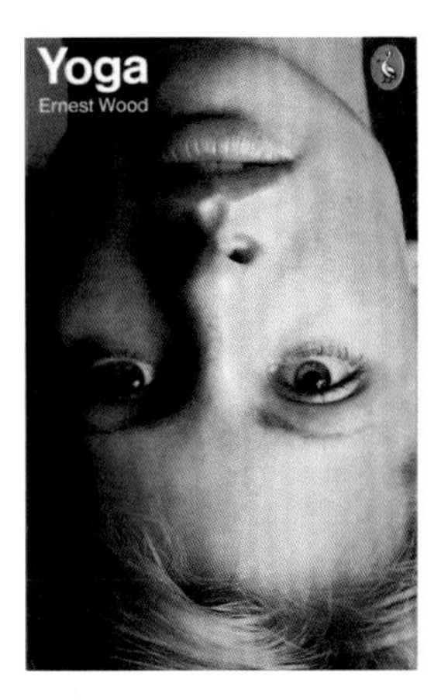

《少年犯》，1974 年
封面设计：琼斯·汤普森·爱尔兰

《瑜伽》，1974 年
封面设计：巴里·拉特甘

《收入分配》，1974 年
封面设计：布赖恩·德莱尼

《酗酒》，1979 年
封面摄影：菲利普・韦伯

《焦虑和神经机能病》，1976 年
封面设计：迈克尔・莫里斯

《沟通》，1982 年
封面设计：卡罗勒・英厄姆

《教育》，1976 年
封面设计：艾伦・弗莱彻

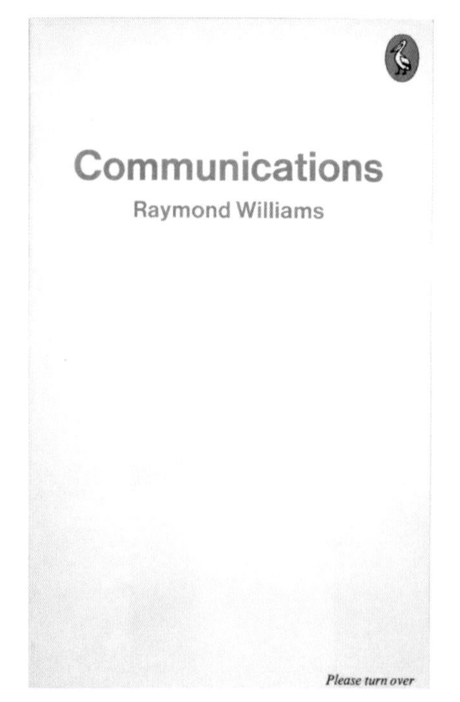

《工业中的创造力》，1975 年
封面设计：戴维 · 佩勒姆

《自我和他人》，1975 年
封面设计：杰尔马诺·法切蒂

《分裂的自我》，1974 年
封面设计：马丁・巴塞特

《猿人，太空人》，1972 年
封面设计：戴维·佩勒姆

“科幻小说”

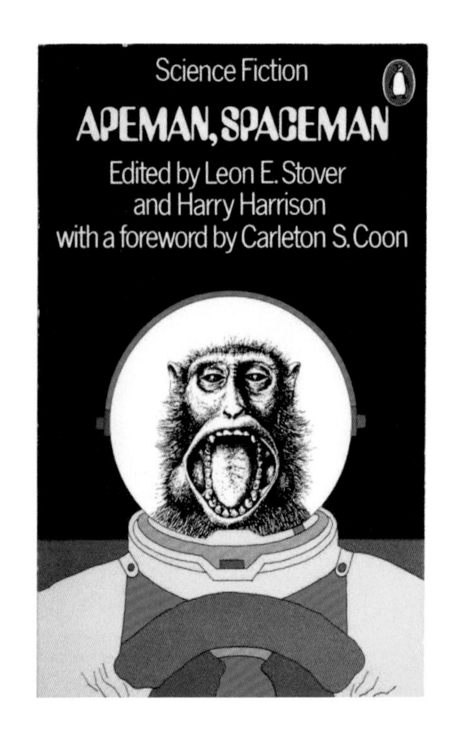

戴维·佩勒姆早期设计的“科幻小说”系列封面延续了艾伦·奥尔德里奇创造的黑色背景加色彩强烈的插图的风格。有些系列的封面，系列名、作者名和书名的字体分别保持一致，但是也会为了要匹配特别的插图风格或某个作者而做出调整（见下页和本书 192 页）。

到 20 世纪 80 年代，这种一致性就消失了（本书 193 页）。虽然喷枪虚幻式的插图延续了已有传统，但很难被欣赏，因为超大的文字抢走了人们的注意力。设计师还创造了一个“科幻小说”的标识，不合时宜地跟在文字后面，越发不协调。

《黑暗复活节》，1972 年
封面设计：戴维·佩勒姆

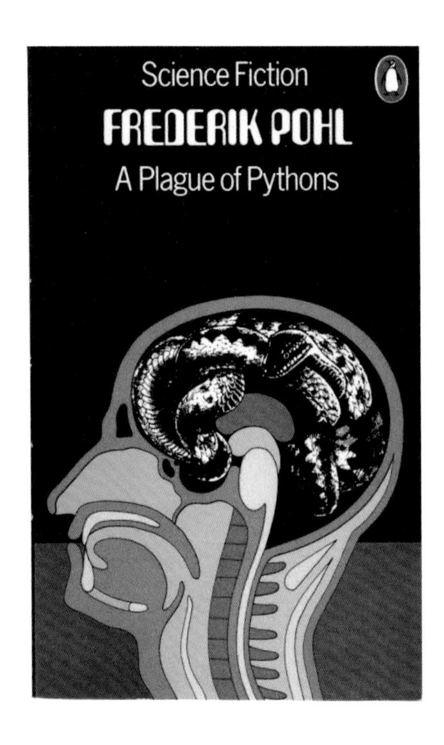

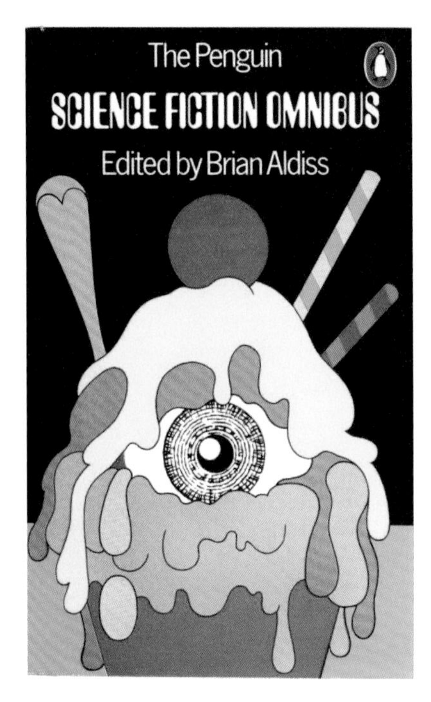

《蟒蛇之灾》，1973 年
封面设计：戴维・佩勒姆

《企鹅科幻小说精选》，1973 年
封面设计：戴维・佩勒姆

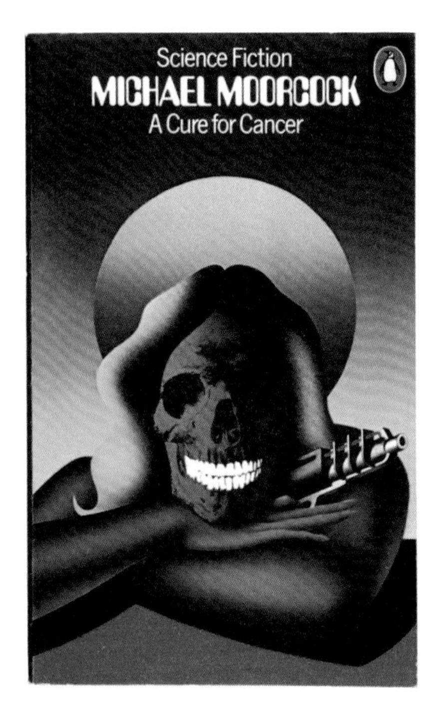

《太空商人》，1973 年
封面设计：戴维・佩勒姆

《治愈癌症》，1973 年
封面设计：戴维・佩勒姆

《终端的海滩》，1974 年
封面插图：戴维・佩勒姆

《淹没的世界》，1976 年
封面插图：戴维・佩勒姆

《四维梦魇》，1977 年
封面插图：戴维・佩勒姆

《干旱》，1977 年
封面插图：戴维・佩勒姆

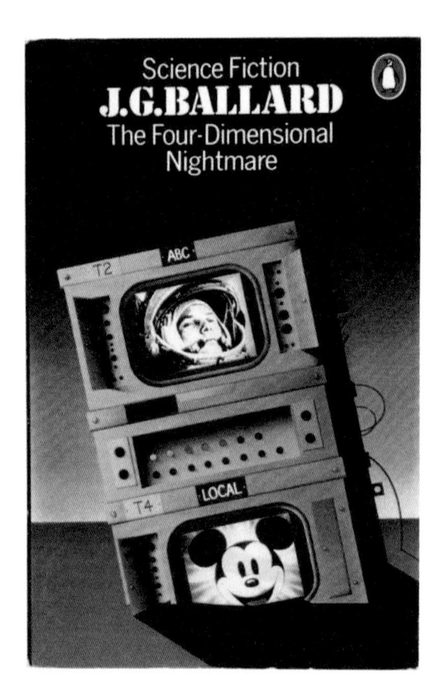

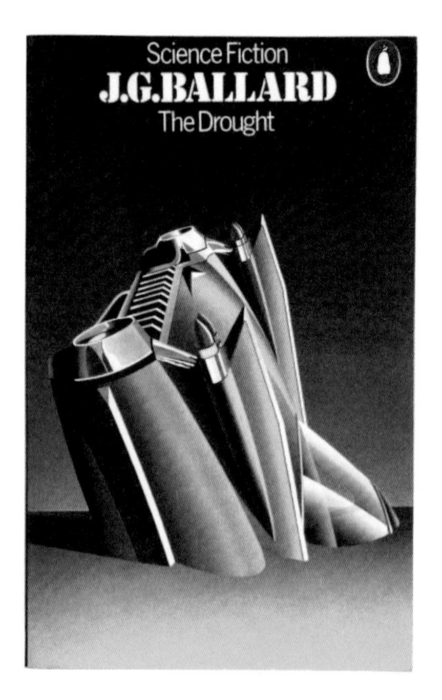

《时间陷阱》，1979 年
封面插图：阿德里安・切斯特曼

《老虎！老虎！》，1979 年
封面插图：阿德里安・切斯特曼

《探索苍穹》，1979 年
封面插图：阿德里安・切斯特曼

《雨一直下》，1984 年
封面插图：阿德里安・切斯特曼

现代欧洲诗人，20 世纪 70 年代早期

《捷克三诗人》，1971 年
封面设计：西尔维娅·克伦奇
封面肖像：
维捷斯拉夫·奈兹瓦尔（右下）
安东尼·巴尔图谢克（上）
约瑟夫·汉兹利克（左下）
封面照片：迪莉娅文化代理机构（布拉格）

始于 1965 年，该系列的特色是用作者肖像作为封面设计的主要元素。相当长的一段时间里，设计师使用了各种处理手法，以保证封面新鲜有趣，同时将来源和种类参差不齐的图片修改至统一标准。用到的方法包括：组合半色调照片，将照片调至高对比度之后以不同颜色印刷，参考照片创作简单线条画。跟法切蒂设计的所有封面一样，字体是标准模式下的 Helvetica。

《企鹅现代诗人》，第 25 辑（本书 200—201 页），全新面貌，1975

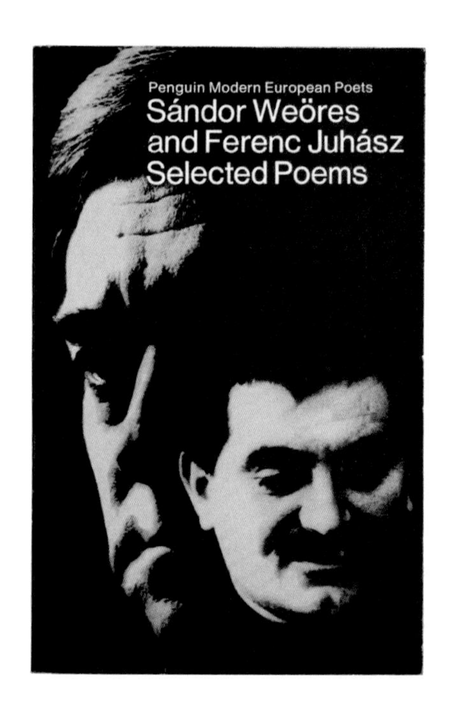

《山多尔·韦厄雷斯和费伦茨·尤哈斯诗选》，1970 年
封面肖像：山多尔·韦厄雷斯（大图）
费伦茨·尤哈斯（小图）

这个系列最初出现于 1963 年，照片是其最大的特点。它以独特的摄影风格闻名，用微妙又近乎抽象的手法故意弱化图片。但是第 25 辑标志着一个全新的开始，用了更大幅的图片，一张特写照片占满了封面和封底。不过这一设计并没有持续多久，后来该系列的封面改用了风景照。1979 年第 27 辑也是最后一辑出版。现代诗人系列后来在 1995 年回归，编号重新从 1 开始。

《阿巴·科夫纳和内莉·萨克斯诗选》，1971 年
封面设计：西尔维娅·克伦奇
封面肖像：内莉·萨克斯（大图）
阿巴·科夫纳（小图）

《吉耶维克诗选》，1974 年
封面设计：西尔维娅·克伦奇

《约翰内斯·波勃罗夫斯基和霍斯特·比内克诗选》，1971 年
封面设计：西尔维娅·克伦奇
封面肖像：霍斯特·比内克（大图）
约翰内斯·波勃罗夫斯基（小图）

《帕沃·哈维科和托马斯·特朗斯特罗姆诗选》，1974 年
封面设计：西尔维娅·克伦奇

Penguin Modern Poets is a series designed to introduce contemporary poetry to the general reader by publishing representative work by each of three modern poets in a single volume. In each case the selection has been made to illustrate the poet's characteristics in style and form.

Cover photograph by Harri Peccinotti

United Kingdom 45p
Australia $1.55 (recommended)
New Zealand $1.55
Canada $1.75
U.S.A. $1.75

Poetr

ISBN 0 14
042.181

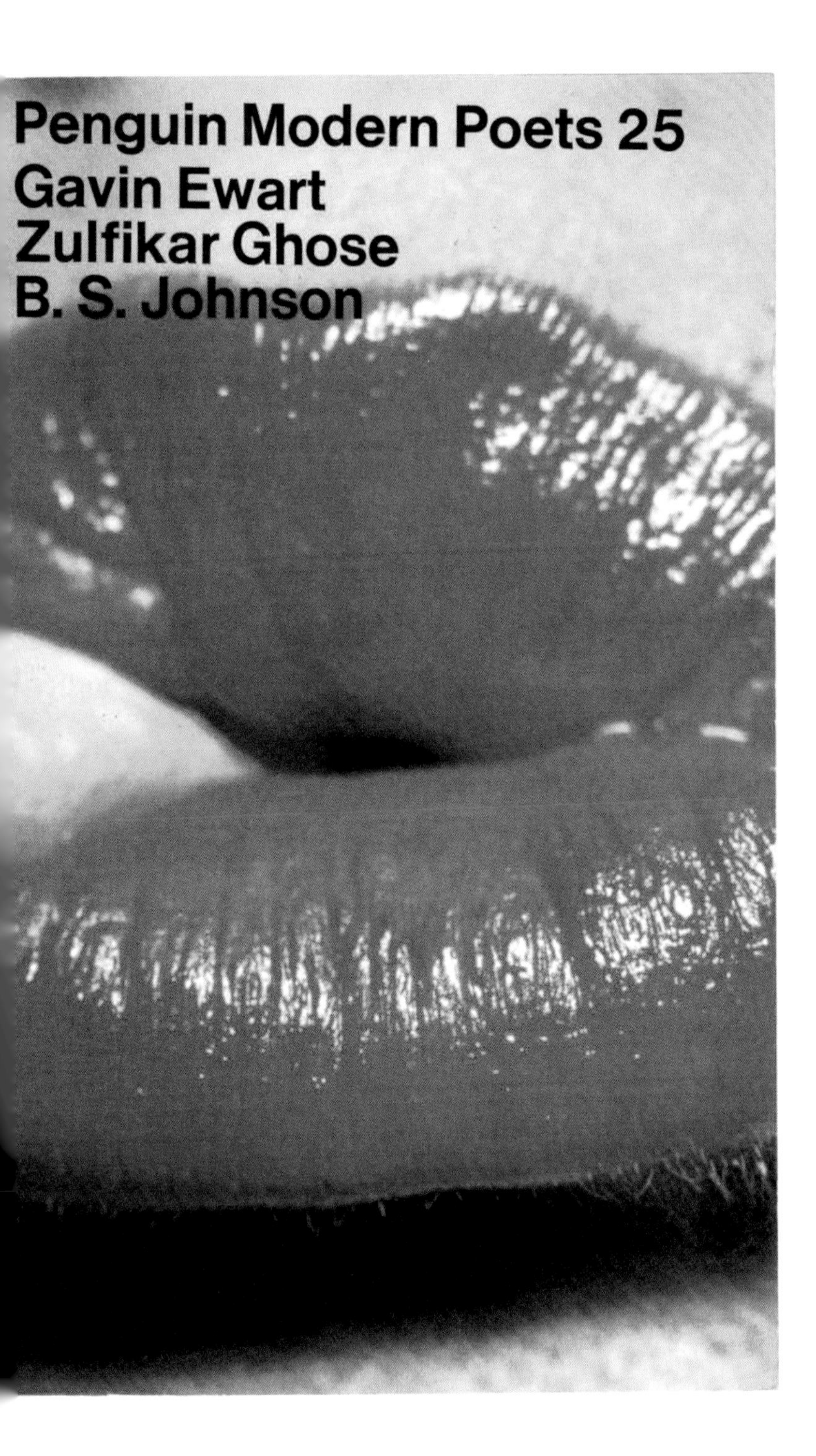

《企鹅现代诗人》，第 25 辑（封底和封面），1975 年
封面摄影：哈里·佩奇诺提

“新企鹅莎士比亚”，1980

20 世纪 80 年代戴维·佩勒姆设计“新企鹅莎士比亚”系列时，跟法切蒂一样，他也觉得有必要让每本书呈现自己的特色。

佩勒姆请来了保罗·霍格思，后者曾经为格雷厄姆·格林的系列图书封面绘制插图（本书 170—171 页）。与之前的设计相比，他那半透明的水彩画可谓焕然一新，可惜被上面花哨的字体抢了风头。

这一设计中的字体，破碎的手写字母加上铜版雕刻的花饰，是为了让人们想到伊丽莎白一世时代。层次结构上，“莎士比亚”再次成为最重要的元素，断开了系列名称与戏剧名称的空间。由于跟上下两部分字体不协调，显得太粗重，“莎士比亚”的设计效果明显降低，而且遇到某些特定的封面（如《威尼斯商人》和《仲夏夜之梦》）时，字间距紧密的大写 Garamond 字体构成的戏剧名称，简直难看极了。

《泰尔亲王佩力克里斯》，1986 年
封面插图：保罗·霍格思

《威尼斯商人》，1980 年
封面插图：保罗·霍格思

《仲夏夜之梦》，1980 年
封面插图：保罗·霍格思

The Best of Bee Nilson
ISBN 0 14 046.272 4

Jane Grigson Fish Cookery
ISBN 0 14 046.216 3

Jane Grigson English Food
ISBN 0 14 046.243 0

Tom Stobart Herbs, Spices and Flavourings
ISBN 0 14 046.261 9

Macnicol Hungarian Cookery
ISBN 0 14 046.240 6

Ross and Waterfield Leaves from our Tuscan Kitchen
ISBN 0 14 046.253 8

Grigson The Mushroom Feast
ISBN 0 14 046.273 2

Anna Thomas The Vegetarian Epicure
ISBN 0 14 046.201 5

“食谱”，1978

内容广泛的“食谱”系列在20世纪70年代迎来了统一面貌，一张照片连跨封面和书脊。不管是在书店里还是在家中的书架上，这一设计都令人惊艳，而且人们一看封面照片就马上能知道书名。因为字体不需要具备任何暗示性：最终决不妥协的法切蒂那种直截了当的原则也得以遵循。

不过在某些封面上，这一原则不再适用，有点扰人的“家庭风”衬线字体出现了，如《精致甜点和布丁》（*Cordon Bleu Desserts and Puddings*）。

《肉碎》，1979年
封面摄影：罗伯特·戈尔登

《精致甜点和布丁》，1976年
封面摄影：艾伦·斯佩恩 & 弗蕾达·斯佩恩

《山里有金子》，1975 年
封面设计：彼得 · 弗卢克

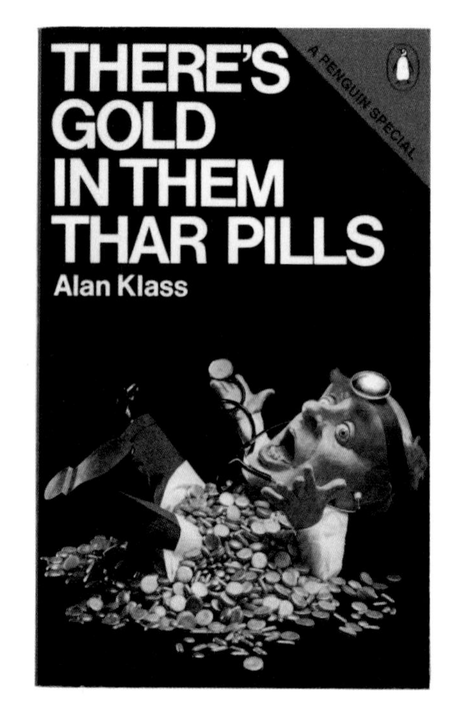

对页：
《协和飞机的失败》，1973 年
封面设计：迪尔德丽 · 阿姆斯登，机场照片由英国机场管理局提供

《债务和危机》，1985 年
封面照片：国际货币基金组织（IMF）提供

《无家可归的人和空置的房屋》，1977 年
封面设计：戴维 · 金

对页：
《斯卡吉尔和矿工》，1985 年
封面亚瑟 · 斯卡吉尔照片：布林 · 科尔顿拍摄，弗兰克 · 斯普纳图片公司提供

《彩虹战士之死》，1986 年
封面设计：德克斯特 · 弗赖伊

“特刊丛书”的尾声

到 20 世纪 80 年代，作为一个系列，“特刊丛书”好像不知何去何从。它们最初能够取得成功，是因为集热点话题、好的写作、快速出版和没有竞争于一身，然而报纸和电视的发展最终让这个系列消亡。

虽然出版的图书依然在谈论英国和全球的主要问题，可是封面设计却反映出公司内部的冷淡。它们完全不能与之前的封面（本书 24—27 页和 108—111 页）相提并论。这里展示的几个，只有《无家可归的人和空置的房屋》（*The Homeless and the Empty Houses*）算是认真组合了文字和图片，不过就算如此，也被右上角的“一本企鹅特刊”标签给毁了。其他封面显然无比平庸，对于曾为企鹅最初的成功立下汗马功劳的系列来说，这结局有点儿惨。

The Concorde Fiasco
Andrew Wilson
a Penguin Special

PENGUIN SPECIAL · PENGUIN SPECIAL · PENGUIN SPECIAL
Debt and Danger
The World Financial Crisis
HAROLD LEVER AND CHRISTOPHER HUHNE
Nigeria to act on overdue trade debts
IMF orthodoxy fails to halt the economic rot in Zambia
Brazil set to win approval for delaying debt talks
resume trust loans
Argentina moves to halt liquidity crisis

MICHAEL CRICK
SCARGILL
AND THE MINERS
A PENGUIN SPECIAL

Death of the
RAINBOW
WARRIOR
• At last, the full inside story
• The first book to reveal who bombed the Rainbow Warrior and how
• Written in co-operation with police investigators and Greenpeace New Zealand
Michael King

《交织》，1983 年
封面设计：艾伦・沃格尔

《雷吉・佩林》，1979 年
封面照片：伦纳德・罗西特在
加雷思・葛文兰制片和导演的 BBC
电视剧《雷吉・佩林》中扮演的
雷吉・佩林，BBC 版权所有，
戴维・爱德华兹拍摄
封面设计：米克・济慈

《美好生活》，1977 年
封面照片：理查德・布赖尔斯、费利
西蒂・肯德尔和佩内洛普・基思，
由约翰・霍华德・戴维斯制片的 BBC
电视剧《美好生活》的剧照
封面文字：衬衫袖子工作室

《初生之犊》，1986 年
封面照片：戴维斯 & 斯塔尔公司
封面设计：特蕾西・迪尤

电视和机场版，20 世纪七八十年代

《躁动青春》，1984 年
封面插图：凯茜·怀亚特

从 20 世纪 50 年代开始，企鹅就乐于抓住一切机会搭上电视或电影的顺风车。不过营销部门和发行公司的需求决定了这些封面永远不可能是文字与图片的优雅组合。《美好生活》镶嵌的佩内洛普·基思的照片和《雷吉·佩林》的三角标签毁了原本还不错的封面。

不过，谁都无法原谅《初生之犊》那错乱的搭配。

为了冲畅销榜，越来越多的封面名正言顺地迎合大众口味。《躁动青春》就经常被当作例子来讲，不过鉴于其题材，也实在难以想象能出什么有品位的封面。《交织》更典型，陈腐的照片和字体在机场书报摊尖叫着引人注意。《金钱》看第一眼觉得也属这类，毫无道理的烫银加上华丽庸俗的图片。但其实《金钱》的封面只是描述故事本身而已，并非上述任何一种。

《金钱》，1987 年

《告别派对》，1984 年
封面插图：安杰伊·克利莫斯基

“新国王企鹅”，1981

“国王企鹅”复活成为一套当代文学丛书名，一度让企鹅的收藏家和爱好者们非常忧心。

这个系列的封面以肯·卡罗尔和迈克·登普西的设计为基础，特点是在封面和白色书脊均嵌入了含有 Century Bold Condensed 字体系列名的版块。聘请插画师绘制的插图是这个系列的亮点，安杰伊·克利莫斯基为米兰·昆德拉（Milan Kundera）的系列图书绘制的插图非常有名。不过，它们仅是这个持续 9 年的系列封面上众多插图风格的一种。不幸的是，与本书 193 页的“科幻小说”封面一样，作者名和书名的字体通常太过抢眼。

对页：
《霍夫曼博士的邪恶欲望机器》，1982 年
封面插图：詹姆斯·马什

《开往米兰的慢车》，1985 年
封面插图：约翰·克莱门森

《笑话》，1987 年
封面插图：安杰伊·克利莫斯基

对页：
《染血之室》，1987 年
封面插图：詹姆斯·马什

《心是孤独的猎手》，1983 年
封面插图：尼克·班托克

KING PENGUIN
ANGELA CARTER
The Infernal Desire
Machines of
Doctor Hoffman

KING PENGUIN
LISA ST AUBIN
DE TERÁN
THE SLOW TRAIN
TO MILAN
'MAGICAL... EXHILARATING... CONFIRMS THE PROMISE
SHOWN BY HER FIRST NOVEL, 'KEEPERS OF THE HOUSE'
– GUARDIAN

KING PENGUIN
ANGELA CARTER
The Bloody Chamber

KING PENGUIN
Carson McCullers
THE HEART IS
A LONELY HUNTER
CAFE

《政治学词典》，1974 年
封面设计：马丁·考泽

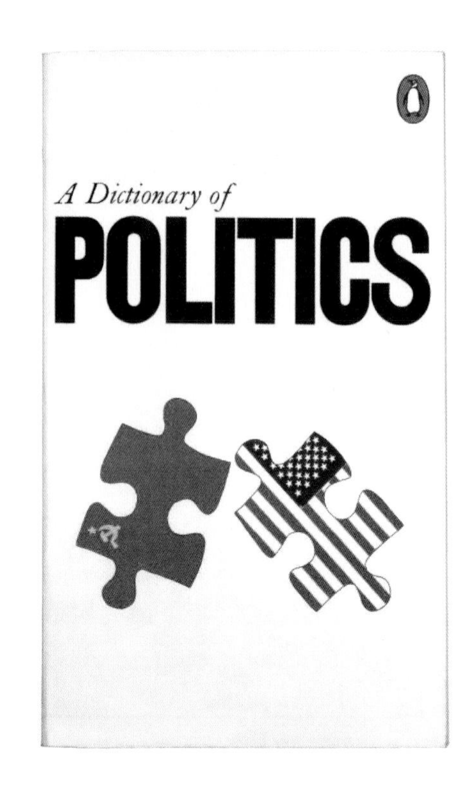

“参考”系列

企鹅从 1944 年开始出参考类的书，系列名就叫“参考”。第一本是《科学词典》（*A Dictionary of Science*），作者是 E. B. 乌瓦罗夫（E.B. Uvarov），最开始是在 1942 年以“特刊丛书”的形式出版。到 20 世纪 80 年代，这个系列已经发展至包括一系列与语言使用相关的书籍，以及许多其他学科的词典和参考书。

20 世纪 70 年代早期开始，欧米尼菲克设计公司提供了一系列的封面设计，这些设计延续了已经用于“企鹅教育”系列的设计方式（本书 176—177 页）：视觉强烈的字体排印，有意强调书名中的某个关键词，配以暗示题材的视觉元素或字体等。

20 世纪 80 年代的重新设计由肯·卡罗尔和迈克·登普西领衔，以更“优雅”的方式突出字体排印。“现代”字体（例如粗细对比更明显的衬线字体）广受欢迎，Century Bold Condensed 字体正式居中，置于插图上方。该设计的基础框架一直延续到 1997 年，之后背景改成了黑色，品牌色橘色被突显出来。后来封面上的书名使用了字间距紧凑的无衬线字体，给了书脊更多的冲击力。

《使用和滥用》，1981 年

对页：
《企鹅经济学词典》，1992 年
封面图片来源依次为：王牌图片社，
Zefa 图片公司，
《金融时报》股票指数图表

THE PENGUIN

DICTIONARY OF ECONOMICS

GRAHAM BANNOCK, R. E. BAXTER AND EVAN DAVIS

NEW EDITION

PENGUIN CLASSICS
NEW WOMEN
STORIES BY MEN AND WOMEN
1890–1914

“企鹅经典”，1985

1985 年 8 月 29 日，“企鹅经典”系列启用全新封面设计，用在 15 部新作、21 部再版书和 58 部加印书上。截至同年 12 月，企鹅对 205 部作品进行了重新包装。

艺术总监史蒂夫·肯特设计的这款新封面，并没有对之前法切蒂的“黑色”设计进行大刀阔斧的改革。相反，他使用正式的字体排印，试图突出“经典”味道，不禁让人想起 20 世纪 50 年代的封面。该设计使用 Sabon 字体，字间距紧凑，整体居中，字符为白色，置于黑色区域中。图片或者占满整个封面作为背景，或者紧密衔接在书名下方。

不敢想象扬·奇肖尔德（Sabon 字体的设计者）看见封面上的字间距会怎么想。可以比较一下奇肖尔德 1947 年的版本（本书 61 页）。

该设计借鉴初始版本的另一个元素是颜色编码。书脊上端的窄条用来标注内容来源，红色代表英美，黄色代表欧洲，紫色代表古典，绿色代表东方。

《德古拉》，1993 年

封面图片：亨利·欧文饰演的墨菲斯托费勒斯，戏剧博物馆收藏，感谢伦敦维多利亚和阿尔伯特博物馆理事会提供支持

《战争诗人传奇》，2002 年

封面图片：14 世纪早期冰岛法典中的文字，这里展示的是一个带有航海图像的装饰华丽的词首字母，版权属于雷克雅未克冰岛阿尼马格努松研究所 [GKS 3269a 4to]

上一页：
《新女性》，2002 年
封面图片：版权属于赫尔顿档案馆

《淘气男人》，1989 年
封面插图：迪尔克·范杜恩
封面设计：参议院设计公司

“原创”系列，1989

自 20 世纪 50 年代插图被允许出现在企鹅封面上开始，大部分图书封面把图画作为设计元素的一部分。尽管如此，1989 年之前，还没有设计师敢把作者和书名从封面上剔除。

与 1981 年的“国王企鹅”系列类似，“原创”系列选题也是当代小说。参议院设计公司（Senate）的设计在各个方面都不同以往，包括：非标准开本（比 A 开本短，却与 B 开本等宽）；封面仅有的单词 Originals（“原创”）的色框延伸至书脊上；是第一批覆亚膜、有勒口的企鹅封面；封面没有企鹅标识。

对页：
《血和水》，1989 年
封面插图：罗伯特·梅森
封面设计：参议院设计公司

《美洲豹撕碎了我》，1989 年
封面照片：迈克尔·特雷维利安
封面设计：参议院设计公司

这种孤芳自赏未能持续，只有最初几本是这样子，其销售状况让人大跌眼镜，因此不得不回归常规设计（下排的 3 个封面）。最初几本没卖掉的存货回厂换了封面，后续出版的直接使用改版后的设计。该系列后来改成标准 B 开本，不过还是有两本的规格是 A5。

《第四模式》，1989 年
封面插图：安杰伊·克利莫斯基
封面设计：参议院设计公司

文字和开本上出现的问题转移了人们的注意力，其实该系列有一个非常大胆的尝试，即把插图从封面延展至封底以辨识系列风格。在插画师的选取上，该系列传承了 20 世纪 50 年代汉斯·施穆勒起用戴维·金特尔曼等人的实践，也用了一些初出校门的画家，比如迪尔克·范杜恩（Dirk Van Dooren）和达里尔·里斯（Daryl Rees）等。

对页：
《张开的翅膀》，1989 年
封面设计：参议院设计公司
封面照片：戴维·费尔曼

《柬埔寨》，1989 年
封面照片：罗伯特·沙克尔顿 &
理查德·贝克
封面设计：参议院设计公司

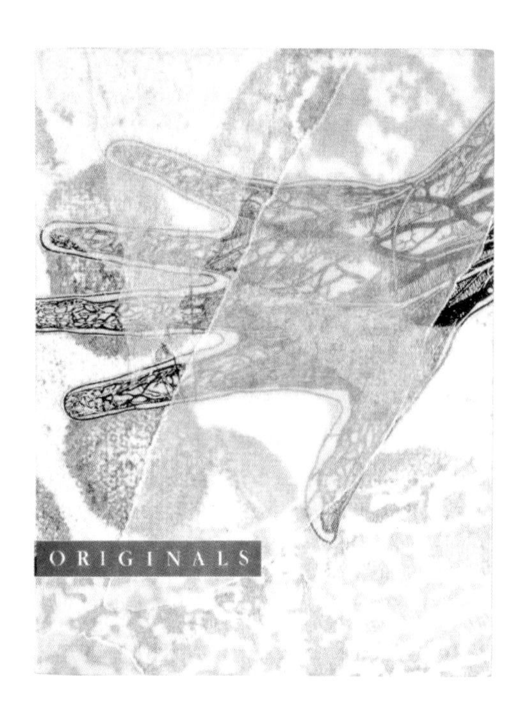
ORIGINALS

ORIGINALS

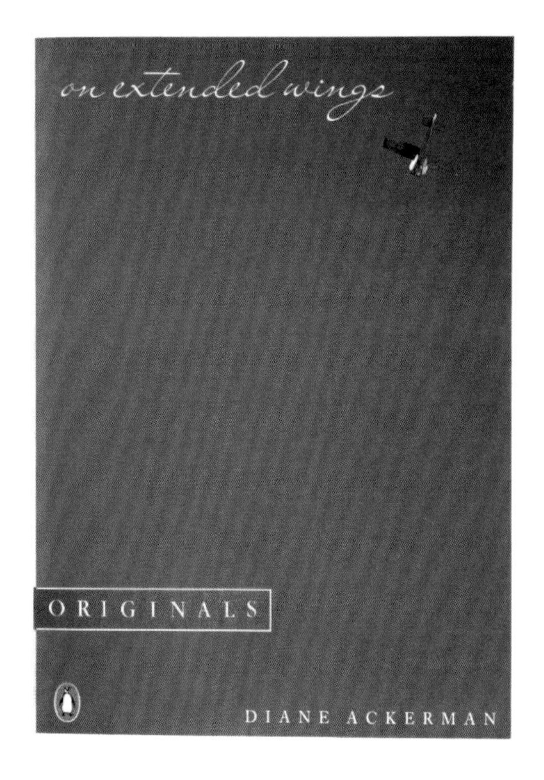
on extended wings
ORIGINALS
DIANE ACKERMAN

Brian Fawcett
CAMBODIA
A book for people who find television too slow
ORIGINALS

《关于玩偶》，1994 年

“企鹅 60s”，1995

1995 年，企鹅成立 60 周年，出版了两个新系列——橘色书脊的小说和非虚构类作品，以及随后出版的“黑色经典”（售价 60 便士的 60 本小书，据此可知利润极其微薄）——以示庆祝。小开本（138mm × 105mm），与前一年出版、市场反应冷淡的“诱惑”（Syrens）系列（如《关于玩偶》）开本差不多。“企鹅 60s”系列图书并非完全一样，有些是缩编本，有些是全本，而且它们的页数也从 54 到 92 不等。

“经典 60s”仿佛是 1985 年版的微缩版，有我们曾经讨论过的字间距问题（本书 211 页），但是选用了与常规图书不同的插图。“橘色 60s”的设计则与它们全尺寸的“前辈们”有很大不同，全出血图片，Trajan 字体居中，作者姓氏字号大过名字，并且书名比二者皆小。

“橘色 60s”最初两辑很成功，随后又推出了新的一辑，不过未能达到 60 本。一套 30 本海雀图书以“企鹅童书 60s”出版，还曾发布消息说要出版一套“企鹅 21 世纪经典 60s”，但从未落实。

《皇帝的新装》，1995 年
封面插图：亚瑟·拉克姆
照片来源：玛丽·埃文斯图片库

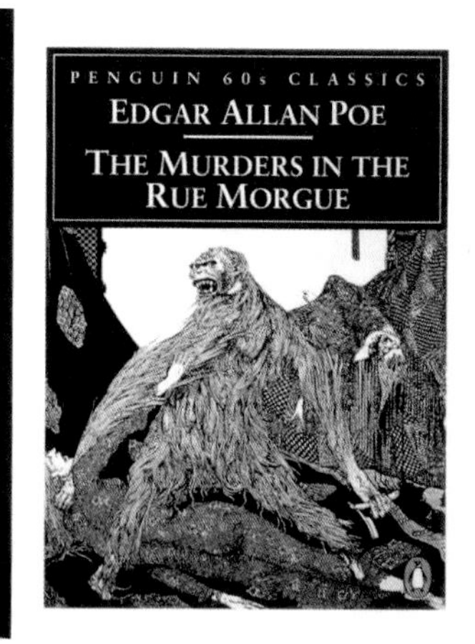

《量级》，1995 年
封面插图：贾森·福特

《莫尔格街凶杀案》，1995 年
封面图片：1919 年哈拉普出版社出版的埃德加·爱伦·坡的《神秘及幻想故事集》中的插图，由哈里·克拉克绘制（图片来源：玛丽·埃文斯图片库）

《直下长江》，1995 年
封面插图：蒂姆·维纳

《羊脂球》，1995 年
封面图片：法国巴黎奥赛博物馆收藏的艾尔弗雷德·史蒂文斯作品《沐浴》的局部（图片来源：葛兰登 & 布里奇曼艺术图书馆）

V. 品牌重塑，1996—2005

选自《六十个故事》（*Sixty Stories*）的局部，2005 年（本书 233 页）
插图：49 库（Vault 49）

约翰·汉密尔顿

V. 品牌重塑，1996—2005

历经20世纪七八十年代的萧条及其后的动荡，企鹅一片混乱。特雷弗·格洛韦尔走后，安东尼·福布斯·沃森上任企鹅总裁，海伦·弗雷泽（Helen Fraser）任董事总经理。海伦·弗雷泽来企鹅前是里德（Reed）的董事总经理，她带过来几位高级编辑，还有一位艺术总监——约翰·汉密尔顿（John Hamilton）。

也就是在这个时候公司决定把成人书的出版分成两个部分：企鹅读物（Penguin Press）和企鹅大众（Penguin General）。读物主要是比较严肃的非虚构类作品（包括原本适合“鹈鹕”的书）、“企鹅经典”系列和“参考”系列；大众则主要是文学、大众市场平装版小说和更通俗的非虚构类（其实有很多是重叠的）。

这个重组一开始并没有影响到艺术部，它同时负责两边的设计。不过汉密尔顿上任后发现企鹅委派设计师的程序滋生了大量可预见的封面，他决定改一改。跟先前的奥尔德里奇和佩勒姆一样，汉密尔顿认为，每本书都要作为单独的个体来对待，他非常希望以自由设计吸引更年轻的读者们。为凸显个性化设计，汉密尔顿建议大部分小说摒弃橘色书脊，并且书脊上不放书号。丢掉橘色，设计感更强，却惹怒了众多企鹅的粉丝和收藏爱好者，他们非常看重企鹅以往的橘色。可是尽管过去读者们都认为橘色是高品质的保证，近期的市场反应却表明，橘色已经开始起反作用了。去掉曾经比较“信任”的颜色，选题和封面设计的重要性就显现了出来。

汉密尔顿最先推出一小套现代经典小说，系列名称是“必读”（Essentials）。该系列的统一性并没有依赖现有的设计，而是依赖委派设计师的程序和选题（本书222—225页）。1998年首次出现的这些封面引起了很大争议，褒贬不一，但更重要的是让充满活力的企鹅设计文化重生了。

很快，艺术部也拆分了，以对应出版架构。约翰·汉密尔顿去了大众，帕斯卡尔·赫顿（Pascal Hutton）来到读物担任艺术总监。当代小说继续提倡每本书要具有独特性，而以前就针对另一个市场的读物，如“企鹅经典”和“20世纪经典”等，让人放心的整体系列风格依然是一笔巨大资产。赫顿对两个系列的封面都不太满意，于是开始改革。由于新千年即将到来，应编辑的要求，“20世纪经典”改回了最初的名字——“现代经典”，并配上杰米·基南（Jamie Keenan）严谨的设计。作为一个几乎完全依赖图片来建立影响力的系列，它的成功也是对公司人员研究图片和对图片精益求精的回报。

吉姆·斯托达特

赫顿的继任者，2001 年 9 月上任的吉姆·斯托达特（Jim Stoddart）对“企鹅经典”系列封面进行了全面改革（本书 230—231 页）。他委任五角设计联盟的安格斯·海兰（Angus Hyland）负责新设计，但整个过程充满了曲折。美国分支占有全球“企鹅经典”市场的巨大份额，所以有关这个系列的任何重大决定都必须和企鹅美国一起协商，要想让大西洋两岸的编辑们都认可即将应用在 1 000 多本书上的设计模板，所要花费的努力和耐心可想而知。

在斯托达特指导下的读物中，另一个重要且容易落实的项目为重新发布的“参考”系列（2003 年，本书 238—239 页），跟其他出版社同类书相比，它让人耳目一新的感觉如同 1935 年企鹅前 10 本书的上市一样抢眼。还有“企鹅经典”的衍生系列“伟大的思想”（Great Ideas，2004 年，本书 240—241 页），在封面设计上对字体和排版中所涉及的 2 000 多年的历史进行了谨慎的手工艺诠释。

自从将苹果电脑作为主要的设计工具和制作平台，企鹅改变了其图书内文的制作方式。2003 年专门的内文设计部被叫停，大多数手稿只要遵循每个部门不多的几种设计标准（标准网格）即可。如果一定要特定的内文设计，就由生产部门来做，回归了战前的安排。

这一时期，除了公司组织架构调整，企鹅子品牌也经历了改变，比如 2002 年企鹅将开发了 50 年的“国宝”系列，即“英格兰建筑”系列转给了耶鲁大学出版社。与此同时，培生集团也在进一步扩张，1996 年收购简明旅游指南（Rough Guides），2000 年收购多林·金德斯利（Dorling Kindersley, DK）。这些公司至少在编辑上保持独立，它们的设计传统尚未对企鹅造成明显冲击。不过，培生希望旗下各公司增进联系，于是 2001 年进行了大范围的办公室搬迁。DK 全体员工和莱特兄弟巷的企鹅员工（编辑、设计、发行、营销、宣传等）搬到了装饰一新的前壳牌麦斯大楼（Shell Mex House）——现在是大家熟知的河岸街 80 号（80 Strand）。哈芒斯沃斯的库房和办公室于 2004 年关闭，库房移至位于拉格比郊区的培生配送中心。

重组、搬家和出版业务的不可预知性不断考验着一家公司能否给外界呈现一个持续连贯的形象，可这也让 10 年前还进退两难的个性化封面问题迎刃而解。橘色书脊不再是硬性规定，也就没什么人用了。不过，企鹅作为被全世界认可的出版社标识，依然是其宝贵的资产。为了巩固地位，企鹅请五角设计联盟对公司的构成部分进行分析，并合理诠释了它们的特性。企鹅和

河岸街 80 号

海雀继续作为成人与儿童的独立出版品牌，它们的标识也被重新绘制（企鹅的改动不明显）。一些老的出版品牌，如艾伦·莱恩、迈克尔·约瑟夫和哈米什·汉密尔顿都归到了企鹅旗下，它们的标识也反映了这种变化。

在 70 年的出版历史中，设计一直是焦点。设计刚开始是宣示个性，后来逐渐成为在惨烈竞争的世界里存活的基本要素，时至今日它依然扮演着这两个角色。封面设计的成败很难量化，但是企鹅一直以来都为自己聘请的最好设计师、插画师和摄影师而自豪，使他们崭露头角，让读者为他们设计的封面着迷。2005 年这种情况没什么不同，现在的艺术总监和设计师也一直坚守这一卓越的传统。

对页：
《白牙》，2001 年
封面插图：阿里·坎贝尔

对页：查蒂·史密斯（Zadie Smith）广受好评的以西北伦敦为背景的小说处女作《白牙》，几乎总结了企鹅现在的封面设计模式。该封面整合了书名、作者名和宣传语强有力的字体排印，放在阿里·坎贝尔的插图背景上，插图延伸至书脊和环衬。以色彩为主导，醒目的图像刚好展示出故事的文化背景。

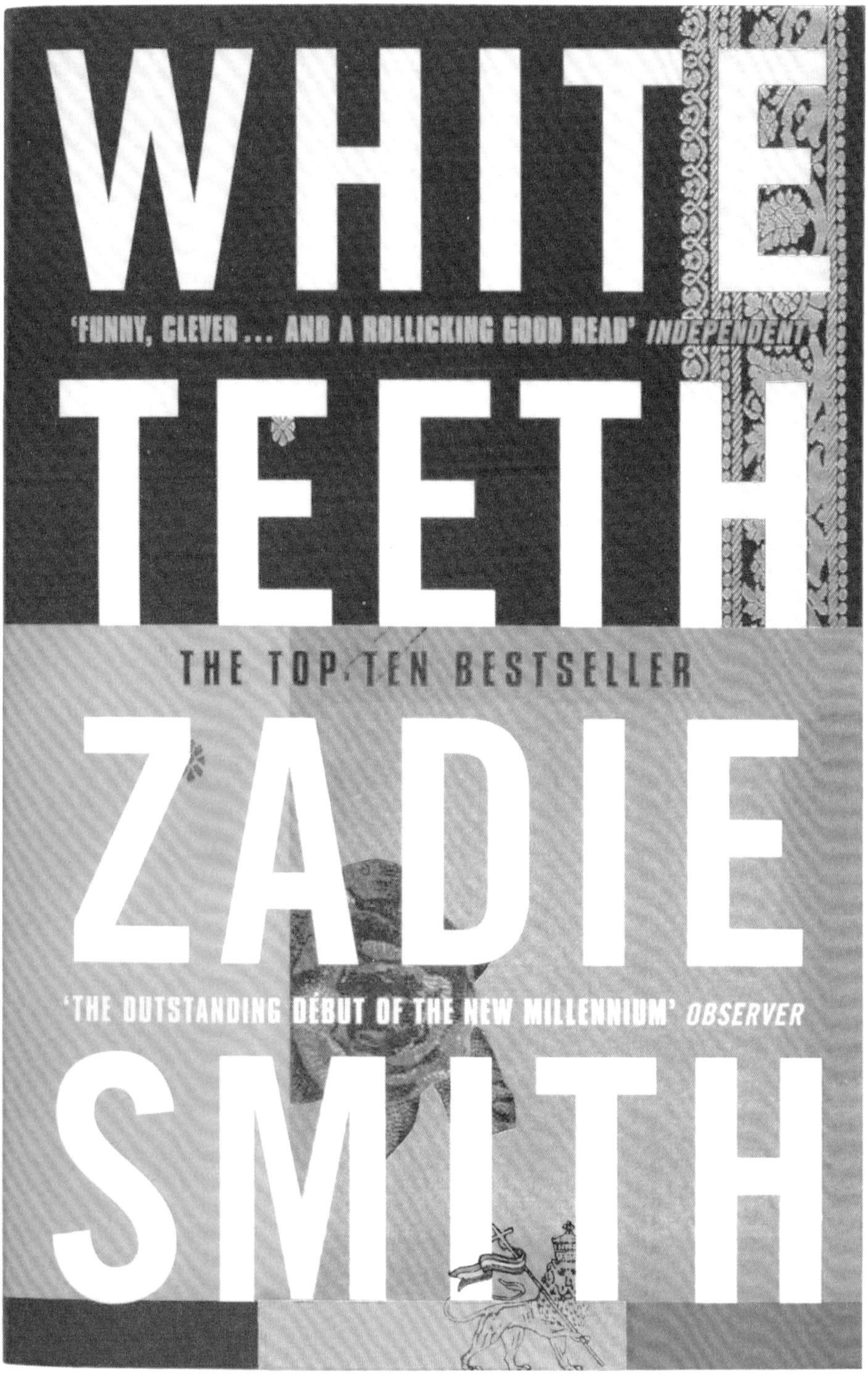

WHITE

'FUNNY, CLEVER ... AND A ROLLICKING GOOD READ' *INDEPENDENT*

TEETH

THE TOP TEN BESTSELLER

ZADIE

'THE OUTSTANDING DÉBUT OF THE NEW MILLENNIUM' *OBSERVER*

SMITH

《动物农庄》,【约 1998 年】
封面插图：彼得·福勒

“企鹅必读”，1998

新任企鹅艺术总监约翰·汉密尔顿的首要目标是重振小说的设计。“企鹅必读”系列选取的都是重点书目，想要吸引的读者是那些只会把钱花在音乐或衣服上的消费者。汉密尔顿邀请插画师和设计工作室，创作了类似 1989 年第一次出现就引人注目的“原创”那种整体封面。对汉密尔顿来说，企鹅标识——那只企鹅和橘色书脊——某种程度上已成为负担。所以“企鹅必读”和汉密尔顿之后的设计都弃用了橘色书脊，标识则能弱化就弱化。

除了大胆，这些封面设计没有明显的统一性，这是起用了一流设计师和插画师的效果。仰仗封面设计，该系列的大多数直到现在还很畅销，封面也没有改变。

《雀起》,【约 1998 年】
封面：特莎·特雷格拍摄的照片局部

《地狱天使》,【约 1998 年】
封面设计：伦敦 Intro 设计公司

《三角树时代》,【约 1998 年】
封面摄影：露辛达・诺布尔

《发条橙》,【约 1998 年】
封面摄影：迪尔克・范杜恩

《猫的摇篮》,【约 1998 年】
封面摄影：迈克・韦纳布斯

《驴子见到天使》,【约 1998 年】
封面设计：班克斯
封面摄影：史蒂夫·拉扎里季斯

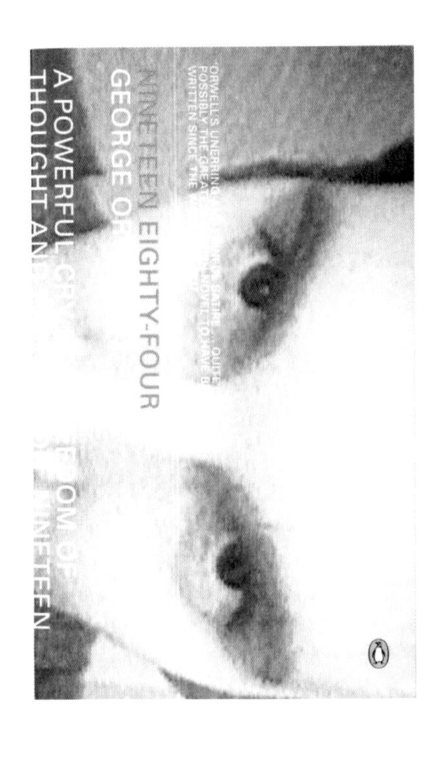

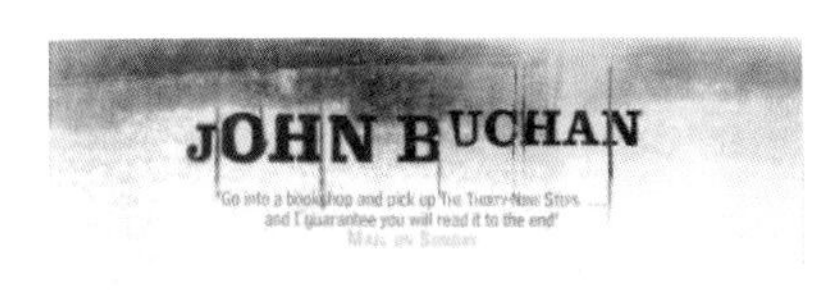

《一九八四》,【约 1998 年】
封面摄影：达伦·哈加尔 & 多米尼克·布里奇斯

《三十九级台阶》,【约 1998 年】
封面照片：版权属于彩色图书馆图片社

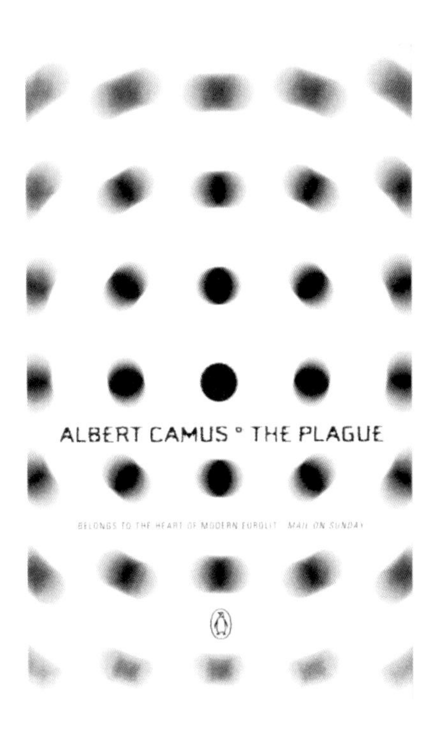

《鼠疫》,【约 1998 年】
【封面设计：格雷 318】

《情迷维纳斯》,【约 1998 年】
封面插图：保罗·韦尔林

《奥威尔和无产阶级》，2001 年
封面插图：马里恩·杜查斯

《奥威尔和政治》，2001 年
封面插图：马里恩·杜查斯

“现代经典”，2000

被称作“20 世纪经典”一段时间之后，“现代经典”系列以自由设计师杰米·基南的全新封面重新亮相。虽然与许多其他的企鹅系列封面一样有图片和文字，但字体排印的元素被抑制了，与标识一起挤在一段很窄的银色横条里。起初想使用各种不同的字体，不过在最开始使用的字体里面，现在仍在用的只有 Trade Gothic，Franklin Gothic 和 Clarendon，作者名用白色，书名用黑色。于是真正使封面生动起来并吸引购买者的任务就落在了图片上。

这些图书都是受人尊敬的作家写就的经典作品，封面上的插图与那些努力寻找自己位置的新作和当代作品的插图略有不同。为此系列专门创作的这些充满隐喻的图片一直沿用至今。乔治·奥威尔的图书封面亮点是马里恩·杜查斯的插图，而且一面市就广受好评：

这些封面有手写的文字片

《奥威尔的英格兰》，2001 年
封面插图：马里恩 · 杜查斯

《奥威尔在西班牙》，2001 年
封面插图：马里恩 · 杜查斯

段，几幅小的纪实照片，有一个封面上还有米字旗……这些和其他平面设计的元素，反映出对奥威尔作品的深刻理解，并给在书店浏览的人提供了被斯蒂芬 · 贝利（Stephen Bayley）称作“图画俳句”的东西。

——肖内西（Shaughnessy），第 21 页

有一些图书，编辑们觉得现有的插图或照片可能是一个更好的方案，于是全职的图片研究员就会接到任务，找寻适合的资料。后面几页的“现代经典”系列封面便向大家展示了这种多样化的战略。

《一把尘土》，2000 年
封面使用的是《平面设计》杂志 1930 年 4 月的一幅插图
封面摄影：马丁・布里斯 / 怀旧档案馆

《发条橙》，2000 年
封面照片：版权属于韦罗妮克・罗兰

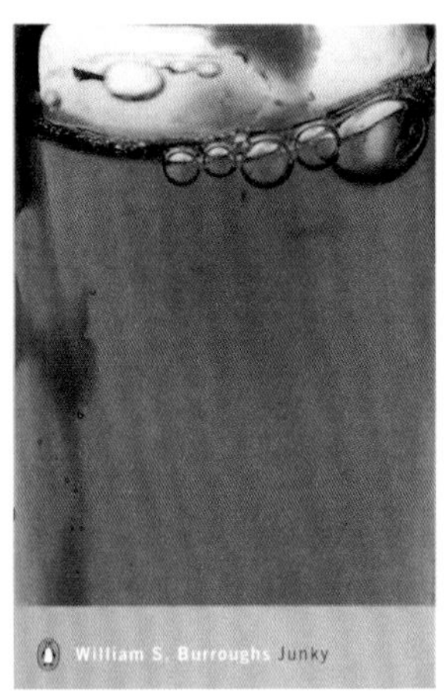

《瘾君子》，2002 年
封面照片：威尔・阿姆洛特

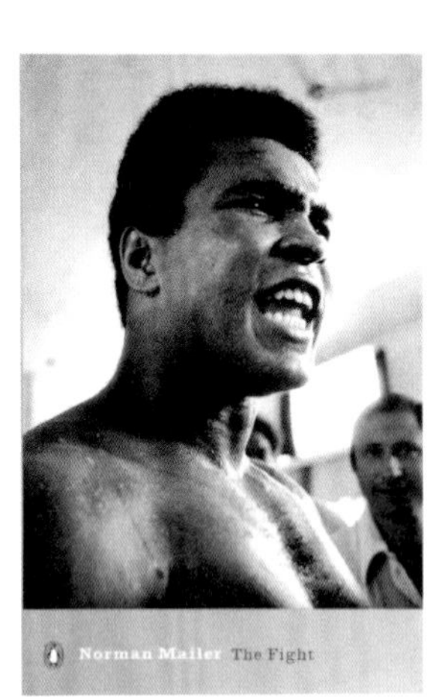

《拳王争霸》，2000 年
封面照片：阿里在扎伊尔他的训练营，1974 年，版权属于阿巴斯 / 马格南图片社

《摩诃婆罗多》，2001 年
封面照片：史蒂夫・麦凯瑞 / 马格南图片社

《蝗虫之日》，2000 年
封面照片：《撕开的电影海报》，1930 年，沃克・埃文斯拍摄，版权属于纽约现代艺术博物馆

《三角树时代》，2001 年
封面照片：版权属于 NCI/ 科学图片库

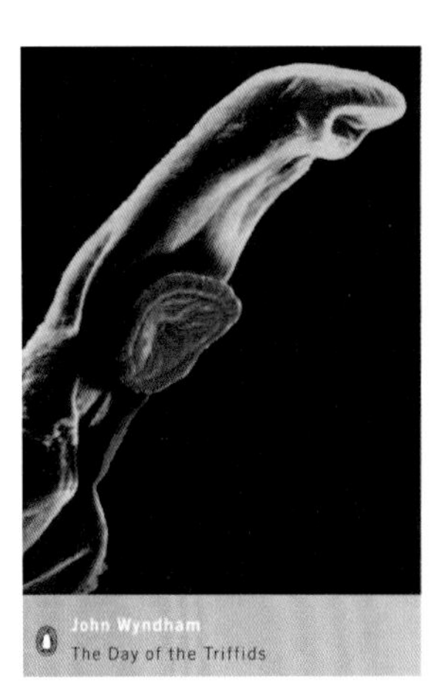

《了不起的盖茨比》，2000 年
封面用的是 1930 年 7 月 5 日的《服饰与美容》杂志刊登的乔治・霍宁根–胡恩拍摄的照片《无题》。感谢《服饰与美容》提供，版权属于 1958 年康泰纳仕出版集团

《高山上的呼喊》，2001 年
封面插图：娜塔莎・迈克尔斯

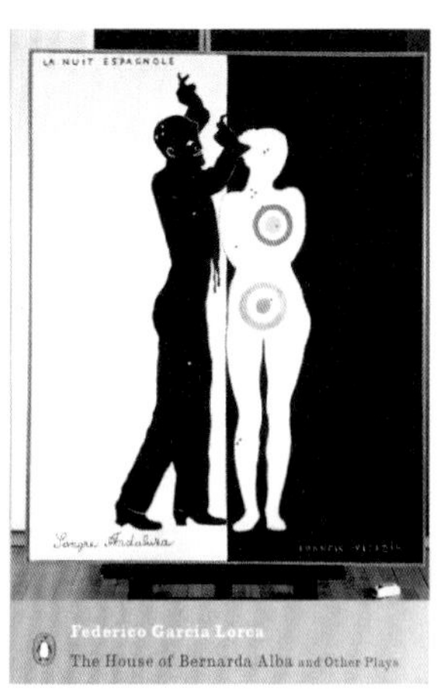

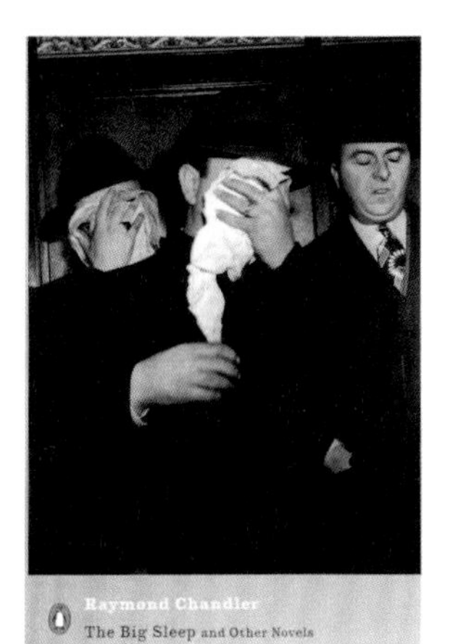

《荒原狼》，2001

封面照片：米哈尔·马茨库1989年创作的第2幅革拉吉[1]《无题》的局部

《贝尔纳达·阿尔瓦的家》，2001年

封面图片：科隆路德维希博物馆收藏的弗朗西斯·皮卡比亚1922年的作品《西班牙之夜》

封面摄影：版权属于科隆莱茵绘画博物馆/法国平面和立体艺术品作者协会，巴黎；设计和艺术家版权协会，伦敦，2000年

《金钱》，2000年

封面照片：版权属于彩色图书馆图片社

《百老汇故事集》，2000年

封面照片版权属于维吉ICP/赫尔顿·格蒂

《长眠不醒》，2000年

封面照片：维吉拍摄的《因贿赂篮球运动员被捕》，纽约，1942年，版权属于赫尔顿·格蒂

《泽诺的意识》，2002年

封面摄影：马丁·斯科特-贾普

---

1 Gellage一词来自Gelatin（“凝胶”）与Collage（“拼贴”）的合体，指的是由捷克摄影师米哈尔·马茨库在1989年发明的技术，即将底片内的凝胶分离，重新塑造出不同形状，直接扭曲原本的影像。

“企鹅经典”，2003

出版许久的“企鹅经典”系列最新封面体现了类似“现代经典”（本书 226—229 页）的设计思路。这些封面以图片为主导，简洁的字体排印在封面下方。该设计由五角设计联盟的安格斯·海兰首创，最初的方案是文字左对齐和运用 Gill Sans 字体。但是封面最终由企鹅美国的保罗·巴克利（Paul Buckley）完成。他使用的是居中对齐，作者名用 Futura 字体［保罗·雷内（Paul Renner），德国，1927 年］，书名用 Mrs Eaves 字体［苏珊娜·利奇科（Zuzana Licko），美国，1995 年］。

实际上，将当代艺术用于人们正在谈论的文学作品是由杰尔马诺·法切蒂于 1963 年开创的（本书 120—121 页），该应用一直被延续到今天的“企鹅经典”系列中。对于这些新选题来说，图片是关键，法切蒂最初设计时肯定做梦都没有想到它们会被重印很多次。但是这一方案不再被认为是经典文学作品封面的唯一设计。不管怎样，1985 年“英国文库”和其他选题出版之后，现在对于什么才能构成“经典”的认知更包容了。有些选题已经打破常规，使用已有的当代插图，比如格林兄弟（Brothers Grimm）的图书封面，就用了文森特·伯吉恩的作品《小红帽》。

PENGUIN CLASSICS
AMMIANUS MARCELLINUS
The Later Roman Empire
(AD 354–378)

《晚期罗马帝国（354—378）》，2004 年
封面图片：康斯坦丁一世的巨型头像（4 世纪），现存于罗马卡比托利欧博物馆
照片来源：艺术档案馆 / 达利·奥尔蒂

《弗兰肯斯坦》，2003 年
封面图片：尼古拉·阿比尔高的《受伤的菲罗克忒忒斯》，1975 年，感谢哥本哈根丹麦国家美术馆
封面摄影：丹麦国家美术馆

对页：
《格林童话精选》，2004 年
封面插图：文森特·伯吉恩的《小红帽》，版权属于巴黎街头弗朗德尔设计公司

PENGUIN  CLASSICS

BROTHERS GRIMM

Selected Tales

《给顽强男孩的坚固玩具》，1999 年
封面插图：杰克和迪诺斯·查普曼的《小小的死亡机器（阉割）》，1993 年版
版权属于艺术家，感谢杰伊·乔普林 / 伦敦白立方画廊

今天的小说

当代小说的封面设计最大的特点就是讲求风格，一方面反映出它们要表达的选题更具宽度，另一方面也说明这个领域竞争的惨烈。如果失败会严重危害整个公司。在很多方面，今天的封面用的依然是艾伦·奥尔德里奇在 1965 年给企鹅做的设计。不过，从企鹅现在的选题结构来看，这些设计能够影响到的书远多于他那个时代。

小说类图书现在的推广方式是由编辑、市场营销部和艺术总监们制定下来的，是能够将一部特别的作品展现给最多潜在读者的最佳方式。这说明封面设计的目标受众非常清晰，但并没有使用传统的占统治地位的单一风格。邀请一流的当代设计师和插画师，如艺术总监约翰·汉密尔顿，是在市场和设计需求之间达到平衡的保证。

当代和以前设计还有一个不同点，那就是如何对待公司身份。典型代表是佩勒姆，他特别在意要时刻提醒消费者注意出版社的身份，通过持续使用标识和橘色书脊等方式（本书 164—171 页）。现在，大家认为没有这样做的必要了。一般来说，如果标识会影响封面设计，那么它就不必出现。

对页：
《吻我，犹大》，2000 年
封面设计和照片：伦敦 Intro 设计公司

《六十个故事》，2005 年
封面设计：49 库

《极度狂热》，2000 年
封面照片：约翰·汉密尔顿
封面字体：格雷 318

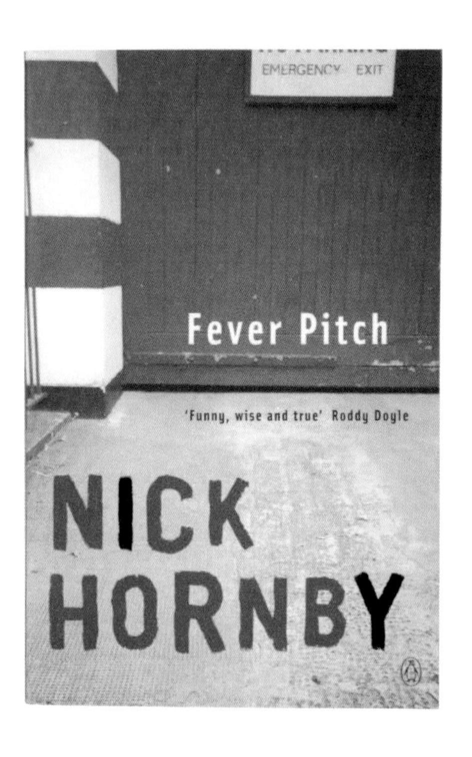

对页：
《美丽的失败者》，2001 年
封面设计：伦敦 Intro 设计公司

《安徒生童话》，2004 年
封面设计：柯拉莉·比克福德-史密斯

Kiss Me,
Judas
Will Christopher
Baer
'Marvelous... if there was a Booker just for opening chapters,
this would be in with a shot' Maxim

Donald
Barthelme
Sixty Stories
'Reveals a rare exuberance, an unfailing joy in words and possibilities'
ANNE TYLER
With an introduction by
DAVID GATES
MODERN CLASSICS

leonard
cohen
Beautiful
Losers
'Gorgeously written ...
overwhelming. One comes
out of it having seen terrible
and beautiful visions'
The New York Times

Hans
Christian
Andersen
Fairy Tales
A new Translation by
Tiina Nunnally
Edited and introduced
by Jackie Wullschlager

上图:《愚蠢的白人》，2004 年
【封面设计：吉姆·斯托达特】

《恐怖公司》，2003 年
【封面设计：柯拉莉·比克福德-史密斯】

右图:《美国人》，2003 年
【封面设计：吉姆·斯托达特】

面向不同市场的图书：美国题材和经典题材

现在有些书的营销方式跟 15 年前大不相同。新世纪到来后，公司各分支之间的联系更为紧密，同时，世界政治格局的变化也是企鹅选题改变的部分原因。美国现在是一个非常重要的市场，美国题材目前也很受欢迎。左页的三个封面中有两个用了陈腐的美式傲慢来反映主题，而《恐怖公司》则追忆了支撑鹈鹕封面设计近 20 年的早期“平面创意”。

其他选题可能以很多种封面展示，以吸引不同的读者群。荷马史诗《奥德赛》(里乌的译本)，是 1946 年第一本“企鹅经典”，后来继续出现在了企鹅的“黑色经典”系列（本书 230—231 页）中。但是为了吸引特定人群，该译本还出了一个非常特别的电影海报版。后来还出了罗伯特·法格尔斯（Robert Fagles）的译本，用了一张时髦的黑白照片做封面，并收入“世界奇迹”系列，同系列还有歌德、维吉尔、但丁和其他人的作品。

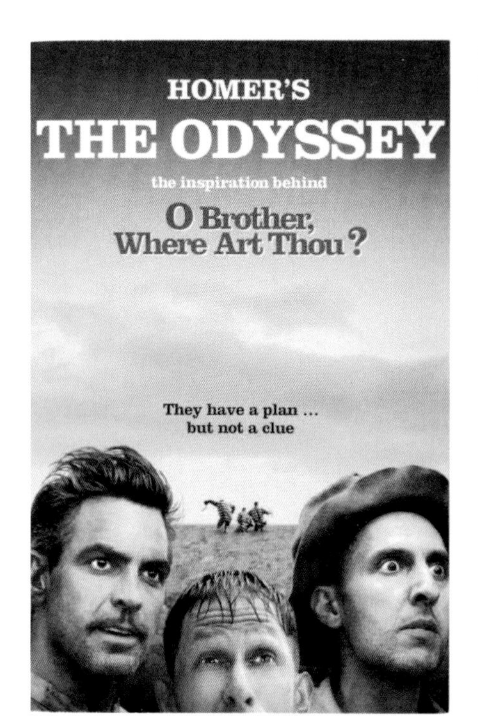

《奥德赛》,【约 2000 年】
【封面图片：乔治·克鲁尼、蒂姆·布莱克·尼尔森和约翰·特托罗在乔尔·科恩和伊桑·科恩兄弟导演的电影《逃狱三王》中的剧照】

《奥德赛》，2001 年
封面设计：格雷 318
封面照片：版权属于雅斯佩尔·詹姆斯／千禧年图片社

《天使》，2003 年
封面插图：米克·布朗菲尔德

面向不同市场的书：“鸡仔文学”和非虚构类作品

近年来兴起的一种重要的小说类别是大家俗称的“鸡仔文学”，读者群和作者通常都是年轻女性，如《天使》(*Angels*)和《着迷》(*Spellbound*)。纵观企鹅历史，大多时候，设计师们一直努力将精致美学和实际效果结合起来，但是当这一努力不能给目标读者带来视觉冲击时，就会以失败告终。比如，20 世纪 80 年代《异国情天》的封面就经过认真调研，确保会对读者产生吸引力。

随着 1991 年“鹈鹕”系列的消失，原本适合该系列的选题现在都直接放在企鹅大类下，而且宣传重点依然是主题，而非设计(见右页的 4 个封面)。

《着迷》，2003 年
封面插图：基尔斯滕·乌尔韦

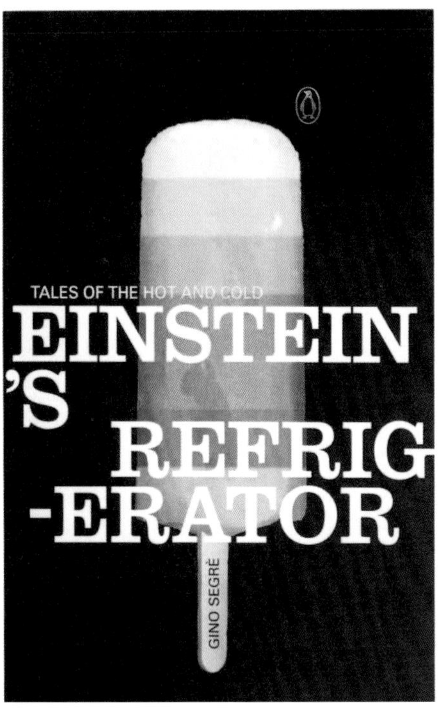

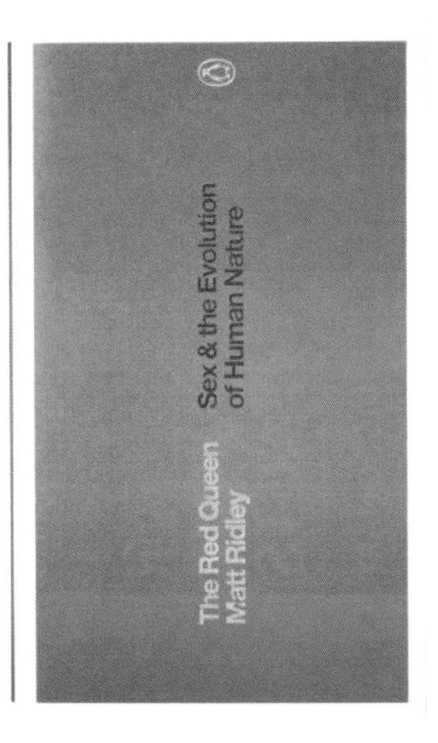

上图:《豪猪》, 2000 年
封面图片: 美国黑松照片,
版权属于罗德・普朗克 /NHPA
《无穷简史》, 2005 年
封面设计: 戴维・皮尔森

左侧:《爱因斯坦的冰箱》, 2004 年
封面设计: 史蒂夫・特纳

《红色皇后》, 2000 年
封面设计: 英国游艇联盟设计公司

“参考”重新发布，2003

在小说和大众图书侧重个体差异的时候，这套开本较小的专业系列却一直强调品牌的识别性。

这一新的封面设计是为了替代4年前刚刚出现却已陈旧至极的封面。全职设计师戴维·皮尔森设计的这个新版本，通过一个有触感的元素——圆角，暗示企鹅自身的历史，迎合了书店喜好，并且更耐用。

与历史的关联体现在封面的水平三段式设计上，让人不禁想起1935年的封面，而书脊字体排印的突出使用，则让人联想到德里克·伯兹奥尔1971年为企鹅教育系列设计的封面（本书176—177页）。企鹅标识依然强势地出现在封面上，但已经被封面上方的图像元素，或不同主题的不同颜色给削弱。

字体排印反映出一个事实，那就是很多系列需要得到美国同行的支持。Futura字体2003年被用于“企鹅经典”再设计（本书230—231页），又因为深受大家喜爱而继续被用在“参考”系列。

对页：
《企鹅建筑和景观建筑词典》，2003年
封面照片：版权属于布里奇曼艺术图书馆

《企鹅简明英语词典》，2003年

《企鹅戏剧词典》，2003年
封面照片：版权属于布里奇曼艺术图书馆

《企鹅押韵词典》，2003年

《企鹅建筑物词典》，2003年
封面照片：版权属于格蒂图片

《企鹅人名词典》，2003年

《企鹅商业词典》，2003年
封面照片：版权属于利昂·奥马尔

《企鹅简明同义词词典》，2003年

《企鹅自然地理词典》，2003年
封面照片：版权属于 Photonica

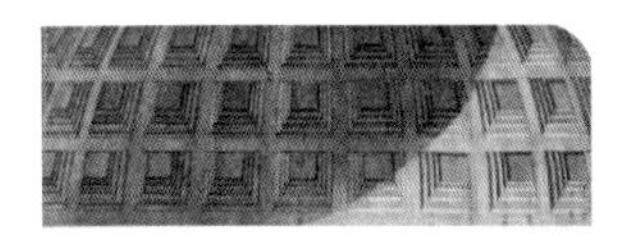

Dictionary of
ARCHITECTURE
& LANDSCAPE ARCHITECTURE

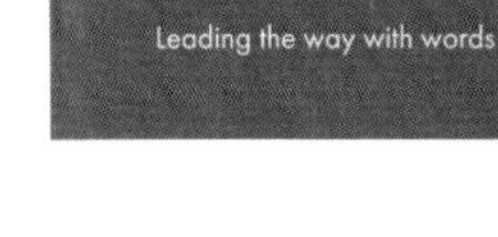

Concise English
DICTIONARY

Dictionary of the
THEATRE

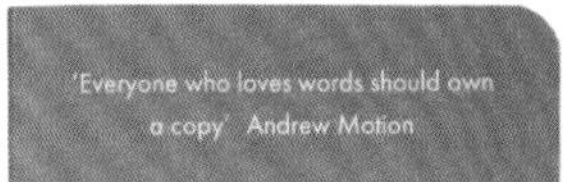

Penguin
RHYMING
DICTIONARY

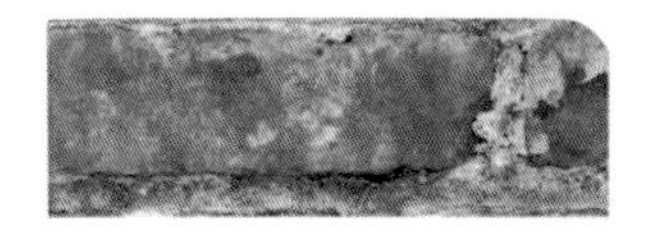

Dictionary of
BUILDING

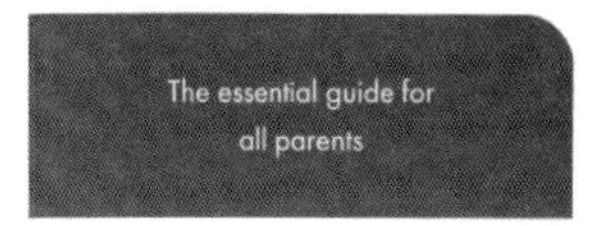

Dictionary of
FIRST
NAMES

Dictionary of
BUSINESS

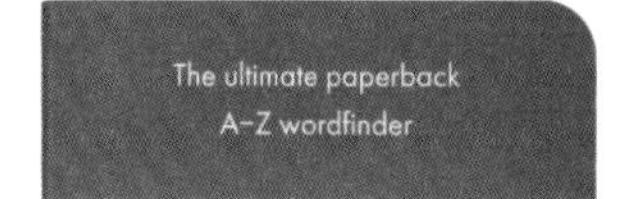

Concise
THESAURUS

Dictionary of
PHYSICAL
GEOGRAPHY

“伟大的思想”，2004

编辑总监西蒙·温德尔（Simon Winder）出版“伟大的思想”系列是为了让人们读到曾经影响人类文明的重要文字。艺术总监吉姆·斯托达特把这个任务交给了戴维·皮尔森，后者决定通过每一篇文字的感觉来给它的封面定位。

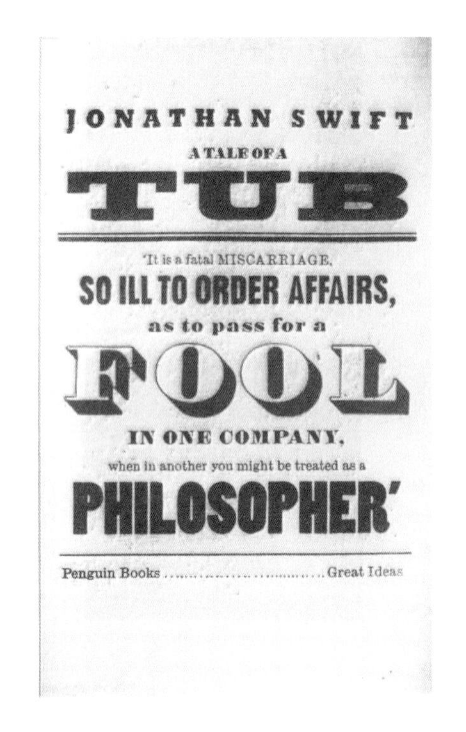

《澡盆故事》，2004 年
封面艺术：戴维·皮尔森
（在企鹅任职期间）

回到了原始的 A 开本，以字体排印为主，每个封面除了出版社和系列名之外，还有作者名、书名和书中的一段节选。每个封面的字体都提示着该书首次出版的那个时代。这种做法使得很多封面看起来像过时的扉页，好像这些书根本就没有封面一样。除了与当代风格截然不同外，该系列还统一使用了传统印厂的红黑两色印刷。封底和书脊的字体 Dante，在全部 20 种书上统一使用。胶版纸压凹印刷为封面增添了触感。

这个系列的艺术总监和设计师们曾在 2005 年 1 月被提名为“设计博物馆年度设计师”。

MARCUS AU
RELIUS·MED
ITATIONS·A
LITTLE FLES
H, A LITTLE
BREATH, AN
D A REASON
TO RULE AL
L—THAT IS M
YSELF·PENG
UIN BOOKS
GREAT IDEAS

《沉思录》，2004 年
封面艺术：菲尔·巴恩斯

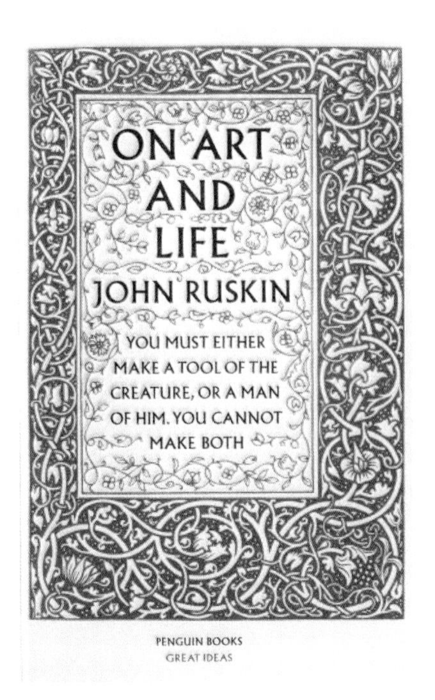

SIGMUND FREUD
CIVILIZATION AND
ITS DISCONTENTS

PENGUIN BOOKS
GREAT IDEAS

Civilization overcomes the dangerous aggressivity of the individual, by weakening him, disarming him and setting up an internal authority to watch over him, like a garrison in a conquered town

《艺术与人生》，2004 年
封面艺术：戴维·皮尔森（在企鹅任职期间）

《文明与缺憾》，2004 年
封面艺术：戴维·皮尔森（在企鹅任职期间）

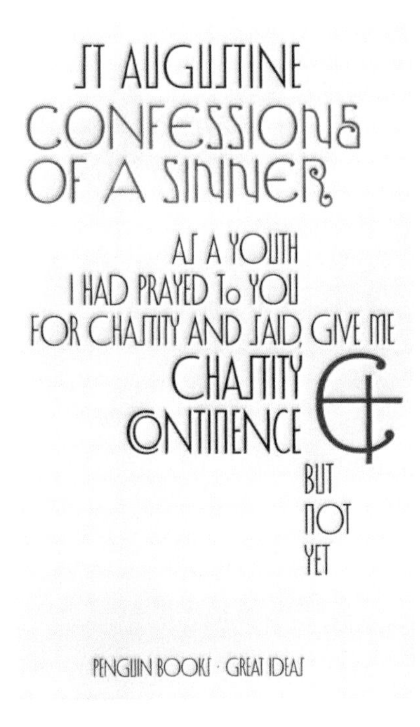

《忏悔录》，2004 年
封面艺术：凯瑟琳·狄克逊

《我为什么写作》，2004 年
封面艺术：阿利斯泰尔·霍尔（在“我们创作”设计工作室任职期间）

TELEGRAMS AND CABLES:
PENGUINOOK, WEST DRAYTON

TELEPHONE
SKYPORT 1984 (7 LINES)
TELEX: 263130

PENGUIN BOOKS LTD

HARMONDSWORTH MIDDLESEX

22 December 1965

Dear Mr Russ,

What a glorious cover you have done for the Graves. Really it makes the book worth buying for its cover alone. I do congratulate you.

Best wishes,

Anthony Godwin[1]

Stephen Russ Esq
29 Shaw Hill
Melksham
Wiltshire

Chairman and Managing Director: SIR ALLEN LANE, HON.D.LITT., HON.LL.D., HON.M.A.
Deputy Managing Director: H.F.PAROISSIEN
Directors: THE RT HON. SIR EDWARD BOYLE, BT, M.P. EUNICE FROST, O.B.E. ANTHONY GODWIN A.M.WALKER
Executive Directors: RONALD BLASS CHARLES CLARK CHRISTOPHER DOLLEY J.A.HOLMES R.C.INGRAM DIETER PEVSNER HANS SCHMOLLER

1 托尼·戈德温写给斯蒂芬·拉斯的祝贺信。——编者注

参考文献

最全面的企鹅图书历史沿革书单：

Graham, T., *Penguin in Print: A Bibliography*, London: Penguin Collectors' Society, 2003

书刊文章

Aynsley, J., & Lloyd Jones, L., *Fifty Penguin Years*, Harmondsworth: Penguin, 1985

Backemeyer, S. (ed.), *Picture This: The Artist as Illustrator*, London: A&C Black,2005

Bailey, S., 'Ways of Working', *Dot Dot Dot*, 5, 2004

Baines, P., 'Face Lift: New Cuts at *The Times*', *Eye*, 40, summer 2001, pp. 52–9

Birdsall, D., *Notes on Book Design*, New Haven & London: Yale, 2003

Bradley, S., & Cherry, B. (eds.), *The Buildings of England: A Celebration*, London: Penguin Collectors' Society, 2001

Burbidge, P. G., & Gray, L. A., 'Penguin Panorama', *Printing Review*, Volume 20, No. 72, 1956, pp. 15–18

Cherry, B., *The Buildings of England: A Short History and Bibliography*, London: Penguin Collectors' Society, 1983

Cinamon, G. (ed.), 'Hans Schmoller, Typographer: His Life and Work', *The Monotype Recorder* (new series), 6, Salford: The Monotype Corporation, April 1987

Edwards, R. (ed.), *The Penguin Classics*, London: Penguin Collectors' Society (Miscellany 9), 1994

——, *A Penguin Collector's Companion*, London: Penguin Collectors' Society (revised edition), 1997

——, *Pelican Books, a Sixtieth Anniversary Celebration*, London: Penguin Collectors' Society (Miscellany 12), 1997

——, & Hare, S. (eds.), *Twenty-one Years*, London: Penguin Collectors' Society (Miscellany 10), 1995

Facetti, G., 'Paperbacks as a Mass Medium' (magazine unknown, probably US), pp. 24–9. The same text also appears as 'Penguin Books, London', *Interpressgrafik*, 1, 1969, pp. 26–41, with English translation on pp. 77–8

Frederiksen, E. Ellegaard, *The Typography of Penguin Books* (trans. K. B. Almlund), London: Penguin Collectors' Society, 2004

Greene, E., *Penguin Books: The Pictorial Cover 1960–1980*, Manchester Polytechnic, 1981

Hare, S., *Allen Lane and the Penguin Editors*, Harmondsworth: Penguin, 1996

——, '"Type-only Penguins Sell a Million" Shock', *Eye*, 54, winter 2004, pp. 76–7

Heller, S., 'When Paperbacks Went Highbrow: Modern Cover Design in the 1950s and 60s', *Baseline*, 43, 2003, pp. 5–12

Holland, S., *Mushroom Jungle: A History of Postwar Paperback Publishing*, Westbury:

Zeon, 1993
Hollis, R., 'Germano Facetti: The Image as Evidence', *Eye*, 29, autumn 1998, pp. 62–9
Lamb, L., 'Penguin Books: Style and Mass Production', *Penrose Annual*, Volume 46, 1952, pp. 39–42
Lane, A., Fowler, D., *et al.*, *Penguins Progress, 1935–1960*, Harmondsworth: Penguin (Q25), 1960
McLean, R., *Jan Tschichold: Typographer*, London: Lund Humphries, 1975
McLuhan, E., quoted in posting of 13 October 2003 at www.brushstroke.tv/week03_35.html (weblog of Melanie Goux)
Moriarty, M. (ed.), *Abram Games: Graphic Designer*, London: Lund Humphries, 2003
Morpurgo, J. E., *Allen Lane: King Penguin*, London: Hutchinson, 1979
Peaker, C., *The Penguin Modern Painters: A History*, London: Penguin Collectors' Society, 2001
Pearson, J., *Penguins March On: Books for the Forces During World War II*, London: Penguin Collectors' Society (Miscellany 11), 1996
Powers, A., *Front Cover: Great Book Jacket and Cover Design*, London: Mitchell Beazley, 2001
Poynor, R., 'You Can Judge a Book by Its Cover', *Eye*, 39, spring 2001, pp. 10–11
——, *Typographica*, London: Laurence King, 2001
——, *Communicate: Independent British Graphic Design since the Sixties*, London: Laurence King, 2004
——, 'Penguin Crime', *Eye*, 53, autumn 2004, pp. 52–7
Schleger, P., *Zero: Hans Schleger, a Life of Design*, London: Lund Humphries, 2001
Schmoller, T., 'Roundel Trouble', *Matrix*, 14, pp. 167–77
Shaughnessy, A., 'An Open and Shut Case', *Design Week*, 26 April 2001
Spencer, H., 'Penguins on the March', *Typographica* (new series) 5, London: Lund Humphries, June 1962, pp. 12–33
——, 'Penguin Covers: A Correction', *Typographica* (new series) 6, London: Lund Humphries, December 1962, pp. 62–3
——, *Pioneers of Modern Typography*, London: Lund Humphries (1969), 1982
Ten Years of Penguins: 1935–1945, Harmondsworth: Penguin, 1945
Watson, S. J. M., 'Hans Schmoller and the Design of the One-Volume Pelican Shakespeare', *Typography Papers*, 3, University of Reading: Department of Typography & Graphic Communication, 1998, pp. 115–37
Williams,W. E., *The Penguin Story*, Harmondsworth: Penguin (Q21), 1956

网站

www.penguin.co.uk

公司主要网站，提供最新书讯、背景资料，以及各个分支和全球兄弟集团的网站链接。

www.penguincollectorssociety.org

企鹅收藏家协会（The Penguin Collectors' Society）网站，有相当多有价值的信息，有其他网站的链接，还有自己的出版物。半年刊《企鹅收藏家》（*The Penguin Collector*），最初刊名《内部通讯》（*Newsletter*），后更名，1974年为首版，是有关公司历史方方面面的信息宝库。

档案馆

企鹅档案馆，保存着艾伦·莱恩和尤妮斯·弗罗斯特的文件，公司往来函件以及编辑“工作包”，位于布里斯托尔大学图书馆的特别收藏部。

详情请查询 http://www.bris.ac.uk/library/resources/specialcollections/archives/penguin

标识演变，1935—2005

1. 企鹅（Penguin），1935 年
2. 海雀（Puffin），1968 年
3. 企鹅（Penguin），1946 年
4. 海雀（Puffin），1941 年
5. 艾伦·莱恩（Allen Lane），1967 年
6. 企鹅（Penguin），1946 年
7. 海豚（Porpoise），1948 年
8. 企鹅（Penguin），1938 年
9. 国王企鹅（King Penguin），1948 年
10. 海雀（Puffin），1940 年
11. 鹈鹕（Pelican），1948 年
12. 企鹅（Penguin），1947 年
13. 企鹅（Penguin），1949 年
14. 企鹅（Penguin），1950 年
15. 海雀（Puffin），1941 年
16. 企鹅（Penguin），约 1987
17. 鹈鹕（Pelican），1948 年
18. 鹈鹕（Pelican），1937 年
19. 红隼（Kestrel），1970 年
20. 企鹅（Penguin），1948 年
21. 企鹅教育（Penguin Education），1967 年
22. 海雀（Puffin），约 1959 年
23. 艾伦·莱恩（Allen Lane），2003 年
24. 企鹅（Penguin），1949 年
25. 鹈鹕艺术史（Pelican History of Art），1953 年

26. 鹈鹕（Pelican），1937 年

27. 雷鸟（Ptarmigan），1945 年

28. 企鹅（Penguin），1944 年

29. 企鹅（Penguin），2003 年

30. 鹈鹕（Pelican），1949 年

31. 企鹅（Penguin），1938 年

32. 企鹅（Penguin），1945 年

33. 企鹅（Penguin），1935 年

34. 国王企鹅（King Penguin），1948 年

35. 海雀（Puffin），1948 年

36. 企鹅（Penguin），1948 年

37. 企鹅（Penguin），1947 年

38. 海雀（Puffin），2003 年

39. 企鹅教育（Penguin Education），1967 年

40. 企鹅（Penguin），1945 年

41. 企鹅（Penguin），1947 年

42. 孔雀（Peacock），约 1963 年

43. 企鹅（Penguin），1948 年

44. 游隼（Peregrine），1962 年

45. 国王企鹅（King Penguin），1939 年

46. 鹈鹕（Pelican），1948 年

47. 红隼（Kestrel），1970 年

48. 企鹅（Penguin），1937 年

致谢

本书是企鹅读物的设计师戴维·皮尔森的创意，他是我最应该感谢的人。由我执笔，由他设计，本书是我们齐心协力的结晶，历经一次次长途跋涉、多次深夜电话交谈和几百封电子邮件的讨论，才得以完成。

过去一年，许多人在本书的创作过程中伸出了援助之手。有我的朋友戴维·罗斯（David Rose）和乔纳森·皮尔斯（Jonathan Pears），以及中央圣马丁艺术学院的斯图尔特·埃文斯（Stuart Evans）。有我的同事千禹贞（音译）、玛拉·哈西特（Mala Hassett）、杰克·舒尔策（Jack Schulze）和杰夫·威廉姆森（Geoff Williamson）。同时我也要感谢客户们的耐心。还有企鹅的工作人员，策划编辑海伦·康福德（Helen Conford），拉格比档案馆的苏·奥斯本（Sue Osborne）、林德赛·坎宁安（Lindsey Cunningham）和蒂娜·泰勒（Tina Tyler），河岸街80号的安东尼奥·科拉索（Antonio Colaço）、约翰·汉密尔顿、托尼·莱西（Tony Lacey）、约翰·西顿（John Seaton）和吉姆·斯托达特。还有曾在企鹅或其子品牌工作过的设计师和编辑：德里克·伯兹奥尔、杰里·辛纳蒙、理查德·霍利斯、罗梅克·马伯、戴维·佩勒姆和迪特尔·佩夫斯纳，以及汉斯·施穆勒的遗孀塔尼娅（Tanya）。感谢蒂姆·格雷厄姆（Tim Graham）和企鹅收藏家协会。感谢马丁·韦斯特（Martin West）。感谢布里斯托尔大学图书馆特别收藏部的汉娜·洛韦里（Hananh Lowery）和迈克尔·理查德森（Michael Richardson）。

还有我的责任编辑理查德·杜吉德（Richard Duguid）、企鹅收藏家协会的史蒂夫·黑尔（Steve Hare）以及字体排印讲师凯瑟琳·狄克逊（Catherine Dixon），他们在该书创作的不同阶段帮助我修订文字。不过文中若还有差错，用他们的话说，都是我的了。

最后，我要感谢我的家人杰基（Jackie）、贝丝（Beth）和费莉西蒂（Felicity），他们既要忍受我写作的时候给他们的日常生活带来的不便，还要忍受家里堆满的二手书（更别提那些放二手书的书架了）。

图片版权

此书中出现的所有图书照片都是在拉格比的企鹅档案馆拍摄的。扉页前的海报由威廉·格瑞蒙德的家人和企鹅收藏家协会提供。插图样例、作者肖像和旁注图片来自布里斯托尔大学的企鹅档案馆。第10页Old Style No.2和Times New Roman样例来自戴维·皮尔森；第49页约翰·柯蒂斯由约翰·柯蒂斯基金会友情提供；第92页奥韦和道森建筑由菲尔·巴恩斯友情提供；第94页罗梅克·马伯由本人友情提供；第96页戴维·佩勒姆由彼得·威廉姆斯（Peter Williams）友情提供；第98页马伯网格由罗梅克·马伯友情提供；第158页德里克·伯兹奥尔由本人友情提供；第218页约翰·汉密尔顿由本人友情提供；第219页吉姆·斯托达特由贾斯汀·斯托达特（Justine Stoddart）友情提供；第220页河岸街80号由菲尔·巴恩斯友情提供。第246—247页的标识是从图书封面上扫描而来。卡尔·格洛弗（Carl Glover）和戴维·皮尔森翻拍了相关图片。

巴特勒和坦纳（Butler & Tanner）印刷厂[1]、精工纸业（Precision Publishing Papers）和斯道拉·恩索集团（Stora Enzo）祝贺企鹅70岁生日，很高兴赞助这一重要的周年纪念出版物。

1 成立于1850年，英国领先的印刷厂之一。